后浪

好心情练习手册

不被情绪左右的 28 个习惯

[日]西多昌规 著

刘姿君 译

中国友谊出版公司

目　录

前　言

"昨天，老板因为我提交的文件不完整而冲我发火，我一直生气到现在。"

"这几年，我每天努力工作，不停地加班，但还是没用，业绩不好就无法获得认可。"

"20年了，自从因为我的失误让球队输掉比赛以来，我就很怕压力。"

工作上的挫折、失恋、离婚、被朋友出卖和金钱纠纷……这些"痛苦的事"，没有人能够一辈子完全避开。

即便如此，**有人能够像什么事都没发生过一般**，抱着"下次会更好"的信念愉快地度过每一天，也有人会一连几天甚至更久地想着"怎么老是这么倒霉"，**闷闷不乐，满脑子都是"已经过去的事"**。不用说，让不愉快的心情一直留在心里，既无法专心工作，也无法保证工作效率和质量。

每个人都希望即便遇到了挫折，**也能够放下负面情绪，**

"切换"成积极、正面的心情。

工作上如此，私生活亦然。

由于网络和社交网站（SNS）的发达，现代人的沟通方式有了极大程度的改变。

越来越多的人因为"网络论战""毁谤辱骂"这类前所未见的纠纷而陷入负面情绪。虽然现代社会变得更加便捷、多彩，很多人却依旧无法摆脱"愤怒""悲伤""不安"这些消极影响。

之前，我在大学医院里负责门诊医疗，并指导医学生与实习医师；目前正在美国斯坦福大学从事我的专长——睡眠医学研究。

我自己曾因为患者不合理的投诉、苦心孤诣完成的论文遭到全盘否定而陷入负面情绪，也曾因与上司、同事、后辈、学生之间的人际关系而感到心力交瘁。

除了我的自身经验，最宝贵的收获就是我在医疗现场诊治了许多曾经"被情绪严重影响"的患者，帮助他们改善了远比我自己更加严重的状况。

虽然整理情绪的耗时不同，我也不曾经历过丧偶，没有身患癌症等重病，没有在灾害中失去巨额财产，但在我身边有许多人已经战胜了精神方面的巨大打击。前面提到的工作上的失败、失恋、人际关系的问题，从"经常被情绪左右"的人变成"不容易被情绪左右"的人的案例，我也曾目睹过很多。

对此我心存感谢，因为将来在我面对残酷的现实时，**这些值得效仿的模范一定能成为自己的精神支柱。**身为人，我们很难不沮丧，但我们可以做到及时摆脱沮丧。我的任务不就是告诉大家如何不被情绪左右吗？于是我提笔完成了本书。

一个人正在被情绪牵动的样子，外人很难看出来。在本书中，我会引用一些真实案例，向大家介绍"懂得处理情绪"的人的习惯。其中的基本资料和情节均已修改或调整，当事人也看不出来，但这些修改并不损害内容的重要性。一个人若不明白自己正在放不下，就无法学习、养成"不被情绪左右"的习惯，更无法战胜自己。

本书第一章简单易懂地解释"情绪容易被影响"的人

与"情绪不易被影响"的人的差别；第二章以最新的神经科学等数据来分析"人会被情绪左右"的原因；第三章以第一、第二章为基础，讨论该养成怎样的习惯；第四章告诉大家如果不想被情绪左右的话，该如何与他人沟通；第五章则为大家介绍遇到无法释怀的事时，如何缩短陷入负面情绪的时间的诀窍。

我们的目标并不是成为一个完全"掌控情绪"的人，而是**将"被情绪影响"的痛苦化为前进的能量**。如果大家读过这本书，能够感到自己有所成长，比过去的自己更坚强，便是身为作者的我至高的喜悦。

西多昌规

第一章

容易被影响的人和
不易被影响的人

容易被影响的人，忙着别人的事
不易被影响的人，为自己而忙

忙得没时间烦恼的秋刀鱼先生

"我做了份很差的报告，昨天被经理骂得好惨。"

"早知道就不该多嘴。"

只要是人，于公于私难免会遇到让自己的情绪产生波动的事。我也经常因为事情不顺而意志消沉，或因为"怎么会变成这样！"而烦躁不已。

人生不如意，十之八九。然而，看待事情的方式却是因人而异。

"天啊，失败了。"

"又要因为这些事被骂了。"

有的人会把这些失败放在心上，一直无法走出来。

"有过那种事吗？"

也有人能够很快调整情绪，马上就看开了。

为什么他们不会放不下呢？原因之一便是"很忙"，忙得没有时间放不下，或是由不得他们不放下。

人类只要一空闲，就会不断思索各种事物。而且，想的大部分都不是好事。

举个例子吧，据说日本的主持天王——明石家秋刀鱼先生一天只睡 3 个小时，却丝毫不见疲态，努力主持节目为大家带来欢乐。也许这是因为他忙着工作、忙着玩，没时间与烦恼纠缠，年过六十依然精神奕奕、神采飞扬。

人只要一有空闲，不免会想起过去的失败与不顺，再次为之沮丧。如此一来，失败和不顺的记忆便再次输入到脑海中，根深蒂固，从而陷入恶性循环。

做好"自己的工作"，拥有更多自信

遇到痛苦的事时，适度的忙碌会让人逐渐走出负面情绪。但这里的重点是，要为"自己的工作"忙碌。

心理学上有一个名词叫作"自我效能"，是指当我们面对问题时，认为自己能切实解决，并产生对自身有益处的自信。

有的人虽然很忙，却不知道为何而忙，便得不到"自我效能"。因为那不是"自己的工作"而是"别人的工作"。

"我明明很努力，却无法获得认可。"

"为什么这种烂工作每次都派给我？"

带着"被强迫感"做的每一件事都会变成"别人的工作"。

这时候，即便辛苦完成工作，却没有自我效能感，很容易因过去的失败经验而感到烦恼。更需要注意的是，这时候最容易重复"无法释怀"的失败，进而招致不幸。

明石家秋刀鱼先生最擅长带动不易进入状态的嘉宾，制造笑点。想必是因为秋刀鱼先生不会去想"这家伙很不在状态"，而是当作"让他进入状态是我的工作"，用心营造出一个自己和对方都开心的氛围吧。

当我们在面对让人觉得无聊的工作时，不妨抱着"将来一定会发挥作用""完成这件事就有机会加薪"的心态，尝试想象自己能够进步，或是可能得到的报酬。动机明确后，即便是面对让人提不起劲的工作，也能将其当作"自己的工作"。**只要将不喜欢的工作当作"自己的工作"，就不会被消极的情绪束缚。**

要点 越是无聊的工作，越要用心让它变成"自己的工作"。

容易被影响的人，对任何事都意兴阑珊
不易被影响的人，好奇心旺盛

为什么好奇心强的人如此正面积极？

懂得放下、不被情绪束缚的人，说得好听是"好奇心旺盛"；说得难听，就是"没耐心"。比如发明家爱迪生，他在试做了一万个灯泡还是失败时，却豪爽地说："我发现了一万种让灯泡不会发亮的方法。"

爱迪生不仅对灯泡感兴趣，他对电话、留声机、飞机等许多东西都感到好奇。爱迪生之所以能这样积极、正面地思考，也许是因为他有很多感兴趣的事。他之所以能在不断的失败中坚持伟大的发明，应是强烈的好奇心在起作用。

如果爱迪生只对灯泡感兴趣的话，他应该很快就会遇到瓶颈，无法完成那么多的发明了吧。

要成为一个不被情绪左右的人，拥有好奇心非常重要。想要改变过度关注失败的坏习惯，**就要去学会关注其他事物，养成"没耐心的好习惯"。**

话虽如此，并不是所有人都像爱迪生那样兴趣广泛。如果勉强让自己对一个不知道价值和意义何在的东西产生兴趣，反而会感到有压力。

工作的烦恼别用工作解决

公务员 A 先生（45 岁），除了工作外，没有其他爱好或兴趣。一直以来，他在工作上都没有什么问题，但换了市长后行政方针出现了大转变，他之前的工作方法也不再适用。

"都是因为换了市长才变成这样。"

A 先生的牢骚变多了，却没有一个可以转换心情的爱好。他每天只想着工作的事，闷闷不乐。

后来，他因为睡眠变浅而来我的门诊，我发现他的病因是工作压力。因此，我并没有开安眠药，而是以让他发泄对工作的不满、听他说话作为治疗。

在诊疗空档的闲聊中，他提到女儿是某偶像团体的粉丝，我建议他可以跟女儿去听演唱会。一开始他丝毫不感兴趣，表示"那种团体，我连谁是谁都搞不清楚"，但他也不能不听我的专业建议，即便没有去听演唱会，还是去了周边商品专卖店。

A 先生并没有突然变成粉丝，但他看到了自己之前全然不知的世界，感到十分新鲜，而且能够记住每名团员的名字和样貌，和女儿也多了很多话题。

就结果而言，他转移了注意力，一直抱怨工作的情况变少了。也许是因为他看着年轻粉丝，反思自己"我年轻的时候也是像这样吗"，心情也放松了。

我想说的是，并不是爱好、兴趣越多越好。以地铁来做比喻的话，最好别当一辆只有工作这单一兴趣的"单轨道"列车，而是让兴趣变成"多轨道"列车。当然，也不用把兴趣搞得像东京地铁那样复杂，只要维持"万一停运，还可以乘坐另一条线路的地铁"的程度就够了。

能看开、放下的人，对工作和休闲嗜好都是抱着"恰到好处的程度"，对各种事物充满好奇。

⌒要点　减少工作压力的方法是找到除工作以外的兴趣和爱好。

容易被影响的人，过度解读别人的话
不易被影响的人，听过就算了

越认真的人，越容易在意别人的话

认真倾听他人的话很重要。比起听他人说话，人们更想倾诉自己的事，但倾听对方谈话，才能建立良好的人际关系。

不被情绪影响的人虽然会注意倾听他人说话，却不会过度臆测或是胡思乱想。这样讲也许不是很好听，但他们懂得区分重要性，**善于"适度的充耳不闻"**。

只是听别人说话就已经会有压力了，更何况从头到尾专心倾听呢？就算是心理治疗师这些倾听专家，可能也很难做到这一点。

当然，也有人会将对方的话自始至终认真地听完。但是，这样的人反而容易过度解读对方话语中的含义，并过度臆测、猜想。认真的个性反而会导致这类人在事后忍不住猜测，怀疑"是不是听到不该听的话？""那句话是在讽刺我吗？"

扭曲的认知会放大猜测

从事制造业工作的 B 先生（43 岁）被调动到不熟悉的销售部门后，始终郁郁寡欢，主要原因并不在于工作内容，而是和业务出身、擅长交际的部长合不来。个性豪爽而不拘小节的部长说：

"你这种精英的姿态，会吃苦的。"

"做一名销售，就算被 100 家公司拒绝，还要冲向第 101 家啊。"

说话的本人毫无恶意，自以为是在为 B 先生打气，却给对方施加了心理压力。

调动过了半年左右，B 先生开始出现被害妄想的倾向：

"部长念的大学又不怎么样，他是在嫉妒我。"

"怎么可能去拜访 100 家客户?! 他一定是在讽刺我拜访的客户太少。"

因为心里始终堆着这些不满,对工作和进度的掌控越来越散漫,但对部长随口说的一句话却能够记得清清楚楚,可见 B 先生有多么放不下。

当一个人出现抑郁的倾向时,有时会自责:

"都是因为我无能,才会一事无成。"

"我在这里只会给大家添麻烦。"

有时会怪罪别人:

"就是因为有这种领导,我做事情才会这么痛苦。"

"都是公司有问题,才会把我调到这种部门。"

无论哪一种行为,都是以自己的错误认知来曲解别人的话,变成妄想式的解读。妄想是指坚信背离事实的内容。被害者,有时也会成为加害者。

为了避免出现这种状况,应该提醒自己不要过度解读他人的话,以及不要胡思乱想。**将对自己或对公司的不满写在纸上,这样便能以客观的角度分析自己是否过度解读,以此来帮助自己脱离妄想。**

没有人会帮我们改正自以为是的想法，但擅自臆测，只会让我们越来越"想不开"。

（要点　将"不满"写在纸上，远离妄想的世界。

容易被影响的人，凡事非黑即白
不易被影响的人，可以接受灰色地带

完美主义其实是抑郁的帮凶

提到"完美主义"，可能会让人联想到具有工匠特质的专业人士，完全不容许出现任何失败和失误。

人类是讨厌失败和失误的生物。这意味着**每个人身上都具有"完美主义"的特质——想避免失败、让失败率完全为零。**

"完美主义"虽然可以提升工作质量，但也有缺点。人们容易将注意力放在缺点上。如果过于坚持完美，别说提升工作质量了，可能事情还没开始就害怕"会不会又挨骂？"从而提不起干劲，陷入恶性循环。

完美主义的人经常会有强烈的不安全感，认为"不完美会被别人唾弃"，也因此容易有抑郁的倾向。因为不容许出现一点小失误，所以一遇到失败，就会彻底沮丧，完全无法放下。

在他人看来质量已经非常高，完美主义者却坚持认为"还差得远"而加班调整细节；做到八成了还不满意、感到不安，执意要完成剩下的两成。

获得成果的完美主义者，即使获得 60 分或 80 分，也不会满足于这样的成绩。他们会定下目标，要在下一次提升成果的质量。

但是，当这样的想法变成"80 分等于 0 分""没做到十全十美，就没有意义"，完美主义者便无法与渴望进步的积极行动结合在一起，脑海中只会不断回放过去的失败和不完美的部分。

二分法的思考只会拉低自我评价

"0 或 100。"

"All or nothing."

很多有抑郁倾向的人，都有这种想法：100 件事里如果有 1 件失败了，等于全盘失败，结果就是 0。像黑白棋一样，结果非黑即白。

不用说，这种想法会拉低自我评价。因为100件事里有99件成功还不满意，这种想法会让一切经验都变成失败的，完美主义者会认为"我就是没用"而丧失自信。**就连他人认为顺利成功的事，他们也会将其当作失败而无法放下。**

市面上关于"完美主义"的著作有很多，美国肯塔基大学的苏珊娜·西格斯特姆博士建议，**将完成目标定为八成成功，剩下的两成留给"船到桥头自然直"的乐观心态。**借由这样的想法，产生面对困难的力量，我们才能够不被情绪左右，激发面对困难的能量。

尽管会失败，但只要能有"下次改正缺点"的想法，就证明我们已经学会了"50%思考""灰色思考"。换句话说，就是懂得"不被情绪左右"的思考。

要点　停止"完美主义"，"灰色思考"又何妨？

容易被影响的人，对别人充满期待
不易被影响的人，不会擅自期待他人

"擅自期待"的后遗症

一般人都认为日本人不擅长沟通，也因此常会有"别人应该能了解自己的心情"的烂漫想法。这样天真的人，最容易"被情绪影响"。

例如上司突然这样交代：

"这个你稍微处理一下。"

或者，你也会这样交代下属。

问题就出在这个"稍微"。因为没有清楚的说明，定义就会很模糊，要靠那些没说出来的所谓意会来"完成让上司满意的工作"。

这种不明确的沟通，容易让人"被影响"。

因为上司满怀着期待，认为即使没有仔细说明工作内

容，下属也会了解自己的意思，而一旦期待落空，造成的
后遗症也很惊人。

"这是在搞什么鬼?!"

上司也许会这样大吼努力许久的下属。而被交代工作
的下属也不是没有期待：

"部长大概是这样想的吧?"

"他应该对我有所期待。"

所谓的自恋情结，就是"希望得到别人肯定，应该会
被肯定"的想法。每个人都会自恋，但是因为过度自恋而
无法通过语言向他人表达想法的人，在沟通上往往会出现
大摩擦。

抛不掉的自恋情结

被上司否定而感到自尊心受伤、期待落空的下属，就
会产生后遗症。**越是自恋，被影响的程度就越严重，也拖
得越久。**

自恋情结是很难放下的。与其硬要放下，**不如不要擅
自期待对方能猜中自己的心思。**

"一定要我说得那么清楚才会做吗？你能不能主动点、积极一点啊？"不要这样擅自"期待"对方会积极主动，下指示的时候应该尽量具体、明确。

　　若你是下属，也不要自己认定"这阵子每天都加班，就算这个项目只完成六成，老板应该也会体谅吧"，而是应该共享有关工作和作业的愿景。

　　越是"不容易被情绪影响的人"，越懂得与人沟通，不会擅自将期待加诸对方身上。

要点　不要抱有"你应该明白我"这种期待，而是要传达具体的事项。

容易被影响的人，爱找借口
不易被影响的人，直接道歉

"借口"容易引发负面情绪

"因为前几天我感冒了。"

"刚刚路上发生车祸，大塞车。"

"这阵子事情太多。"

有时候明明自己没有错，但就是会发生一些不顺利或身体突然不舒服等无法控制的事情。

"我又没有错！"

"为什么都怪我?!"

应该会让人很想这样大叫吧。

但是，人类不会像动物一样扯开嗓门嘶吼。这时候我们常做的是用语言将自己的行为正当化，也就是所谓的"借口"。**借口，可以说是想要让对方理解事情出于无奈，**

以此来保护自己的行为。

但让人遗憾的是，**几乎所有的借口都会令对方不悦**。光是自我保护和自我辩解，这种以自己为中心的态度就会令人不满，给对方造成不愉快的情绪。

人类是大脑皮质最发达的理性生物。但是，人类的判断和印象也经常是靠主管感情的杏仁核等大脑边缘系统来决定，而非发达的前额叶皮质区。

稍后我们也会提到，相较于愉快的事，人类对于不愉快事物会记得更清楚。借口会让对方产生负面情绪，使人际关系恶化，它是人们对失败无法释怀的温床。

借口是回顾过去的行为

"这又不是我的错"，只要这么想，就是进入借口模式的征兆。为了不让自己被影响，这时候应该不要去找借口，而是向对方道歉。

"对不起。"

"之后我会小心。"

只要坦诚地道歉，避免不满和埋怨的情绪，就不会放不下。

有人说，不可以随便道歉，但我们现在讨论的是，说声"不好意思""对不起"其实是种礼貌，这种"打圆场"的正面行为，通常都有加分的作用。

在国外，通常激烈辩论之后大家就没事了，还会握手言和，虽然不至于要道歉，但"过去的事就过去了"，有什么嫌隙也会当场解开。

当然，如果自己没做错事，自然不需要道歉，但如果真的有错，找借口推托、辩解也绝非益事。与其找借口，不如爽快地道歉，心情才能更开朗。

越是不被情绪左右的人，就越能够做到爽快地道歉，更关注今后的相处。借口，只是让自己回顾过去的行为。

要点　　如果即将进入找借口的模式，应该先爽快地道歉。

容易被影响的人，太在意失眠
不易被影响的人，不拘泥睡眠

"睡一觉忘记不愉快的事"有科学依据

不被情绪影响，意味着能够顺利调整不好的经历所带来的愤怒、不满或焦躁等负面情绪。要如何做到这一点，本书稍后将会说明，最重要的还是在于要能转换想法、调整生活习惯等，在清醒的时间以自己努力做的事为中心。

然而，一年有 365 天，不需要每天都特别努力就能自动调整负面情绪的生活作息，那就是睡眠，尤其是快速动眼睡眠。研究结果发现，**快速眼动睡眠能够缓和不愉快的情绪**。

"睡一觉忘记不愉快的事。"

这句话是有科学依据的。睡得好的人，不会执着在不愉快的事上，这是确定无疑的。

当然，这也不是说睡得越多，情绪就整理得越好。**睡得过多，反而容易抑郁**。如果你曾有过一直睡不醒，头昏脑涨，生活节奏变成夜行性，以至于早晨起床超痛苦的经验，应该就很容易理解这一点吧。

　　同时，我们也无法断定"睡眠浅的人会容易钻牛角尖"。

　　睡眠的深或浅，本来就是很主观的判断。即使是睡眠专科医师，也无法将睡眠质量像血压、血糖般予以数值化。虽然可以测试脑电波，以熟睡的非快速眼动睡眠的时长来评估睡眠状况，但并不是非快速眼动睡眠越长就等于睡眠质量越好。

失眠的人不是睡不着，而是太在意

　　那么，要怎样做才好呢？其实非常简单。

　　在我的患者中，的确有人会自己把失眠的情况说得很严重，但是其家人却说："不会啊。他晚上都睡得很熟，还打鼾呢。"所以，问题不是失眠，而是太在意睡不着这件事了。

　　即便是"过度在意"，但只要超越一定范畴，就会演变成社会问题。虽然日本最近管制较为严格，但只要到精神科就诊说睡不着，便能拿到安眠药的处方笺。而现实的状况是有人已经拥有足够的睡眠时间，却仍在持续服用安眠药。

睡眠固然重要，但过度在意便是"容易被情绪影响的人"的习惯。美国斯坦福大学研究睡眠的学者当中，有人因为生活忙碌而每天都睡得很少，但精神仍然饱满，充满活力；也有人必须要睡足需要的时间。他们的共通点是，不会过度在意自己的睡眠时间，反而担忧"要是睡不着，怎么办？""今天晚上不知道睡不睡得着？"

像这样天天为夜晚的睡眠状况担心，才是不好的征兆。因为对睡眠的不安已经影响生活了。

"只要白天能够精力充沛地活动，就不必在意晚上的睡眠状态如何"，这是目前睡眠医学对失眠的基本看法。

如果白天的生活作息因睡眠状况而出现问题，这时才应该正视睡眠问题，并想办法改善。

要点　　人要好好睡觉。睡不着时，也不必过于在意。

第二章

为什么你会被情绪
左右？

一切都是手机的错？

经常挂在网上的坏处

"能否放下烦恼，不被其影响"是心理学界一直以来都在探讨的课题，已经不是什么新主题了。但是，为何到了21世纪的现代，"不被情绪影响"仍然深受大众瞩目呢？

针对这点，后面我将会简单地说明。但我认为现代社会中，社交网络及智能手机对人类的心理与行动带来了极大的影响。

随时随地都能打电话的手机已是惊人的发明，随时随地都能获得网络信息的智能手机给日常生活所带来的剧变，就更不用说了。

今天的天气、新闻、约会地点的选择，现代人没有一件事情不依赖网络。记得我刚到美国时，对周围环境很陌生，要是没有智能手机的导航软件，连开车出去买个东西都会迷路。

　　然而，在生活变得更加方便的同时，其实也产生了随时都被信息控制的缺点。虽然不会严重到犯罪的程度，但是四处留言、批评、中伤的"网络论战"也已经屡见不鲜。

　　尽管有程度上的差异，但恐怕有不少人的情绪"都被影响了"。

"偏颇的信息"加速不安的循环

　　人们总是习惯把负面信息留在脑中，越是负面就越想去看。例如，我们能理解癌症患者因为内心不安而到处搜寻癌症相关网站的心情，**看到令人安心的信息便松一口气，看到骇人的信息便焦虑不安**。这样的情形一再重复，但最后留在记忆中的通常都是不好的信息。

　　我认为能够立即看到信息的智能手机，更是加速了人们陷入不安的循环。而且不一定是和自己有关的事，例如不断看到政治、经济、体育、娱乐新闻的批评，以及恶意中伤的留言和推文，都会让人心情不平静。

　　我们在面对看不见的对象时，会增加攻击性，或使用一般在面对面聊天时不会使用的词汇。但这不是健康的沟通方式。

比上述社会问题更容易令人"被影响"的，是来自朋友等熟人的信息。例如，有人会分享"今天我做了这么棒的事""去了好餐厅"的信息。

的确，发布一些无聊或不愉快的事是没有意义。而且，只要人们有被尊重、被认同的心理，就会想去比较给自己点赞的人数。看了这类偏颇的信息后，人们会忍不住与自己的日常生活相比，更加陷入不好的情绪中。

多接触适合自己的现实

当自己一切顺利的时候，才能够真心为别人的好事开心。只是，人类并不是永远都有好心情。

心情沮丧的时候，很容易想和别人比较，"我果然不行""要是我的薪水再高一点就好了""真希望能出生在那种家庭"，从而陷入意志消沉的恶性循环。

老实说，我也会去羡慕别人。但这时候，我会放下手机。

网络和手机确实为日常生活带来莫大的便利，但网络成瘾、手机成瘾也是社会现象，要人们"不用手机"简直是强人所难。这个问题实在很难解决，因为只是"少用手机"就会让现代人有压力。

与其"不用"或"少用"手机，不如多花时间去看、去感受现实世界的事物，也就是多重视眼前的事物。比如看看书报、杂志，或是和活生生的人交谈。

离开办公室，看看天空和街景，在接下来的休息日中来一趟小旅行等，这些网络世界以外的现实体验十分有益。

为了保持精神健康，获取适合自己的实践经验才是最理想的，而不是以获得他人的"赞"为目标。

要点 比起为获得他人的"赞"而行动，应该重视适合自己的实践经历。

人类只记得不愉快的事

人类为什么对"不愉快的事"记得最清楚?

人类天生就是会转眼忘记好事,却对痛苦经验和恐怖体验牢记于心的生物。这正是"大脑边缘系统"中动物性的部分所造成的。

人脑可分为"大脑皮质"和"边缘系统"这两大部分。简单地说,"大脑皮质"就是大脑表面有很多折皱的地方,主管人类才有的高层次机能,如思考、判断、伦理等问题。

在大脑皮质底下,有个称为"边缘系统"的部分,包括有记忆库之称的海马回、感情中枢杏仁核。简单来说,边缘系统与动物性、本能相关。

而"无法忘记不愉快的事"的秘密,就存在于边缘系统。

曾有人进行用手术去除猴子大脑边缘系统中杏仁核的实验,结果手术后这只猴子无惧危险,会靠近眼镜蛇、狮子等比自己强大的敌人。

感觉恐惧与不安，并牢记于心，是生物为了生存的必要本能。

我们人类也一样，如果能彻底忘记可怕的记忆和不愉快的经验，心情或许会很轻松。但是，在未来遇到同样的危险状况时，就像没有杏仁核的猴子会去接近狮子一样，很可能不知其中危险而做出错误的反应。

锻炼大脑皮质才是解决之道

在动物的生存历史里，即使成功了 99 次，只要失败 1 次便足以致命。因为代代继承了祖先对敌人的恐惧，才能生存至今。既然人类是动物的一种，自然也拥有这样的 DNA。

"为什么会困在不愉快的情绪里走不出来啊？"

"我想要自己乐观一点啊。"

会如此烦恼的人们认为，人类的大脑本来就是这样。无法忘记不愉快的事是因为我们要生存。

人类之所以不同于其他动物，是因为我们的"大脑皮质"很发达。大脑皮质并非与边缘系统完全独立，两者通过神经细胞的分枝紧密地结合在一起。

因为事先输入了不愉快的事，所以没有一匹斑马会随便接近狮子。

然而，现在的人类并不会面对斑马那样的生存危机。**由于没有生存危机，所以能"从容"地回顾不必回顾的过去，这也是人们"会被情绪左右"的原因之一。**生存所需的本能，在现在的社会环境下，反而成为让生活痛苦的原因。

要做到"不被情绪左右"，锻炼大脑皮质才是人类该采取的解决之道。这个办法包括了重新审视饮食、运动、睡眠等生活习惯，以及调整沟通与思考方式、寻找宣泄压力的对象，等等。

"无法忘记不愉快的事"是人类与生俱来的习惯。接受这个习惯，并认真思考不好的经历的处理方法，也就是"不被情绪左右的方法"吧。

要点 接受"很难忘记不愉快的事"这件事吧。

越想"不被影响"就越会"被影响"

只要被"禁止"就会越想做

"不可以！"

被人这样禁止，反而更蠢蠢欲动。我想这是人之常情。我也常在诊所里对患者说"晚上不要上网""别喝太多酒"等，给患者提出"不要"的建议。

心里明明知道这样做不好，但越是被禁止就忍不住越想去做的习惯，实在令人头痛。

有人称这样的情形为"卡里古拉效果"，但这不是正式的心理学用语。纯粹是之前因为一部描述荒淫无道的罗马皇帝卡里古拉的电影《罗马帝国艳情史》，其内容过度腥膻，在美国部分地区遭到禁演，反而引发大众好奇而备受注目，才有了"卡里古拉效果"这个词。

为什么被禁止后，反而会更想去做呢？

这些被禁止的行为，其实都源于食欲、性欲、求知欲等人类的本能。

当"想做"的事被禁止后，便产生了稀有价值。因而显得更有魅力，让人更想去尝试。

要求自己积极正面，会让理性脑更疲累

卡里古拉效果与人类的欲望有关，我们以此来思考本书的主题"不被情绪左右的练习"。

前面提过"放不下负面情绪"，是人类与生俱来的本能。为了生存，人类必须先牢记不愉快、可怕的事。

要违反这种负面的本能，让自己"不要被影响"的积极思考，就叫作"理性"。

换言之，**为了安抚情绪脑，也就是边缘系统，理性脑前额叶皮质区便努力禁止"被影响"的情绪。**

但是，人类的本能，有一个越压抑就越蠢蠢欲动的习惯。硬逼自己"不要被影响"，理性脑就会很累。

反而是让理性脑放松的思考方式，如"被影响就被影响吧""被影响了也没关系"，会让情绪脑平静下来。这与

在自我启发类书籍上常见的"接受自己""原谅自己"有共通之处。

凡事都从好的方面看是很重要的。**但是，强迫自己正面思考，反而会造成心理的压力。**

痛苦的时候，不应该给自己施加"不能被影响"这种限制，而是采取"被影响也无所谓"这种态度，才能够培育强大的内心。

要点 不要过度强迫自己积极、正面地思考，而是要适当放松大脑。

"不被情绪影响"不等于"忘记"

"懂得放下的人"并不是健忘

我们也许曾羡慕"懂得忘记不愉快的事"的人，心想："他已经忘记了那件事。"

但是，就像前文中所说的，人类的本性是会牢牢记住不愉快的事。因此，"不被情绪影响的人"绝不是把不愉快的事给忘了。

如果真的忘得一干二净，被人问起也想不起来的话，那很可能是脑部受到了严重损伤。

不愉快的经历、自己曾遭遇过的危险，这些体验会深深地刻在脑海中。

"不容易被情绪影响的人"也许是擅长不让不愉快的事出现的人。以计算机来比喻的话，就是将不愉快的经历储存在硬盘里，不让它们出现在正在运行的内存中。

C 小姐是一位 30 多岁的专职主妇，可爱的长子很快要上小学了。或许是受到妈妈朋友们的影响，C 小姐非常希望让长子进入私立小学就读。

然而，丈夫却希望孩子可以在自由、没有约束的环境中成长，因此夫妇俩在长子的教育方针上意见不合。而丈夫固执的想法，似乎是受到婆婆的影响。

某天，婆婆刚好来看孙子，C 小姐提起准备考试非常辛苦，婆婆便表示"还这么小就要考试，太可怜了""应该多让他运动，增强体质才对"，直接批评起 C 小姐。

借助别人的力量也是本事

这或许是婆媳之间常见的情况，但这和 C 小姐从小生长的环境不同，C 小姐当下受到了不小的打击。无论外出购物还是做家务，她的脑海中都不断浮现被婆婆斥责的画面。

冷静想想，C 小姐并没有错。虽然大家的意见不统一，但"考试"也是一种教育。然而，C 小姐却太过在意婆婆的话，开始为"自己是不是错了"而烦恼。

但有时候，他人无心的一句话能够把自己郁闷的心情

一扫而空。

妈妈朋友鼓励她"找一所两者都能兼顾的学校就好了""大家都是尽人事听天命，没考上就算了"，她才发现"原来也可以这么想"，心情一放松，就不那么在意婆婆的话了。而且幸运的是，因为忙于帮孩子准备考试，C小姐和婆婆见面的机会也变少了。

看了C小姐的例子便知道，"不被影响"并不等于"遗忘"。为了"不被影响"，不仅要把不愉快的事推开，还要在各方面下功夫，例如将注意力转移到其他地方、借助他人的力量，等等。向他人倾诉，参加休闲或个人爱好的活动，也是"不被影响"的好办法。不断做出这样的努力，才是成为"不被情绪影响的人"的捷径。

要点　不要一个人钻牛角尖，有时也可以借助他人的力量。

大脑会被"一时的情绪"牵着走

人类的行动其实经常被情绪左右

　　你是不是曾经做过下面这些连自己都会吓一跳的事呢?

　　·计算机死机,会用力拍打屏幕。
　　·虽然憋了好久,但还是忍不住说了同事的坏话。
　　·狂吃零食。

　　心理学上有一个"冲动性"的用语。情绪失控的"发飙",或是忍不住做了明知最好不要做的事,如暴饮暴食、疯狂购物等连自己都控制不了的行为等,都是冲动性的例子。

　　换句话说,就是未经深思就做了可能会有不良结果的行动，或是其他充满情绪性的行为。

　　每个人都会有冲动性。不经思索就买下原本没打算要买的东西，每个人都有这类"冲动性购物"的经历。还好在这种情况下，受损的只有钱包（或家中经济）。

　　人类会认为自己是依据理性思考而做出判断。听到别人说"你很冲动"，想必没有人会开心。大脑发达的人会想：我做的事是经过思考的，并不是像动物那样遵从本能而行动。

　　但是，**大部分情况下，人类经常会在情绪的影响下做出决定，事后再找各种理由将其正当化。**当控制情绪的能力不成熟或抗压力低的时候，很容易做出情绪化的判断，直接以好恶来做决定。

将情绪变成语言

　　关于情绪与决定的研究非常多，日本理化学研究所的研究小组 2015 年在《神经生理学杂志》（*Journal of Neurophysiology*）所发表的论文，解释了大脑产生好感与反感的部位不同，引发的情绪会改变过去的接受方式，使人们依情绪而做决定的机制。

计算机升级后运行反而会变差这种事偶尔会发生，我们对人和事物的看法，有时也会因情绪而往坏的方面升级。

情绪胜于理智固然有违我们的意愿，但若放任情绪宣泄而不去控制，我们会永远"放不下"留在记忆中的负面情绪。

情绪与思考，由脑中不同的部位掌管。我们要做的是勤于"区分情绪与思考"。如"是不是单纯因为讨厌才排斥？""这个判断有没有除感情外的其他理由？"这样的自问非常重要。

有个具体方法可以区别情绪与思考，那便是用语言表达情绪。"我现在很生气""我觉得很烦"，将情绪说出来后，试着列举自己正在思考的事。

然后，想想自己的思考是否被情绪左右。例如，虽然对部长感到愤怒，但尽可能地切割情绪后，留下来的便只有"要专心做好手上的项目""只要忍耐到下次人事调动就好"这样冷静的思考。

古希腊哲学家柏拉图曾将人类情绪与理性的关系比喻为"马与骑手"。一个聪明的骑手，应该能随时确认自己是否被马牵着鼻子走。

（ 要点　将情绪转化为语言，别让情绪做主。

挥汗运动对心理健康有积极作用

养成运动习惯，有助于克服抑郁

前文曾提及，要让思考变得灵活，行动非常重要，而最直接的办法就是挥汗运动。**活动身体，也就是"运动"，对心理健康有绝对的积极作用。**

周末陪孩子参加运动会，或是打高尔夫球，伸展筋骨后感到神清气爽，当晚睡得很香，我想每个人都有类似的经验。

也许有人会说，只有运动当天心情不错，但第二天就会又回到原来那个疲累的自己。但研究发现，**相较于运动当天的效果，持续运动半年，对睡眠和心理的积极作用才会更显著。**

关于运动的抗抑郁效果，已有很多相关研究，但因为运动的种类与强度、受测者的年龄和基础体力不同，一直未有一致的结果。

于是，美国亚利桑那州立大学的研究小组重新研究过去的 58 篇论文、总计 2982 人的数据，整理出的结论认为：进行稍微出汗的轻度运动，一次约 30 分钟，一周进行 3～4 次，持续 16 周，其抗抑郁的效果比做一次激烈的运动更好。

运动让大脑更活跃

当然，这些数据可能会因今后的研究而有所改变。但是，持续运动的确能强化心理。你身边那些"不容易被情绪影响的人"，是否大多有运动的习惯？

运动不但会改变肌肉，还会改变大脑内部。美国匹兹堡大学的研究小组调查发现，有运动习惯的人，脑部主管记忆的海马体的体积较大。大脑中存在"脑源性神经营养因子"这个物质，相当于增加脑神经细胞之间互相连接的突触的肥料，现在确认运动会促使这个物质的活化。顺便一提，目前还认为脑源性神经营养因子的减少，很可能是抑郁症的成因之一。然而，现实中认为"每天都累死了，哪有力气运动"的人想必也有很多。

告诉大家一个好消息：即使只是减少坐着的时间，也有运动效果。哈佛大学公共卫生学的研究小组对 49821 位高龄人士进行追踪调查发现，看电视的时间越长，得抑郁症的概率越高。数据显示，坐得越久，对心理健康越不利。

　　若是无法运动，就减少坐着的时间吧。休息时间多走走也不错。站着工作也是一种策略。美国推出了让人们可以站着工作的办公用具，我在斯坦福大学的同事经常使用。若工作环境难以改变，不妨养成随时找机会增加走路时间的习惯，例如每一个小时上一次厕所。

　　为了成为"不被情绪左右的人"，不仅要重视大脑的运动，还要重视活动身体。

要点　　大脑要做体操，身体也要活动。

"被情绪影响"的程度男女有别？

"男女的大脑结构不同"只是传说

- 失恋时，男人容易放不下，女人很快就走出情伤。
- 遇到大麻烦时，女人比较镇定，男人反而心情久久难以平复。

人们常常会理所当然地说男性怎样、女性怎样，但这样看待事物本身很可能就是"被情绪影响"的原因。

男性和女性的不同是否在于大脑结构？现在，无论是书籍还是网络文章，充斥着各式各样关于男性脑、女性脑的信息。例如，联结人类左脑与右脑的"胼胝体"，发挥着联结左脑与右脑的桥梁作用。有关这一点，很多书里都会写道：

"女性脑的胼胝体比男性脑粗。"

"因此，女性的左脑与右脑的联结更紧密，不容易走极端。"

然而，随着脑科学的发展，已有研究结果认为男性与女性的大脑并无不同。

罗莎琳德富兰克林医科大学的研究小组整理并分析过去超过 4000 项男女脑部研究，也就是进行了所谓的"统合分析"，并于 2015 年在论文中发表了结果：无论是胼胝体的粗细还是海马体的大小，男性脑与女性脑在统计上并没有发现差异。

女性的胼胝体较粗，男性的海马体较大，这种从脑外形来区分的说法，显然没有科学依据。

的确，并非所有女性都对感情受挫"放得下"，能够说分手就分手，甚至有很多女性过了多年都无法从失恋中走出来。

例如，罹患厌食症或暴食症，也就是所谓"饮食障碍"的年轻女性患者，有不少人的发病原因就是失恋。与男友分手时被当面说"你太胖了"，或是男友的新女友比自己瘦，女性患者就会联想成"我就是太胖了，才会被甩"，因而在饮食上出现很大问题。

而且，有些人并不是睡一觉就好了，也有人一拖就是好几年。这样的人，就是迟迟"放不下"那次痛苦的经验。

这样看来，无法认定所有女性都可以快速地走出情伤。

追求合理性的男性，重视平衡性的女性

"男性脑""女性脑"的说法，并没有科学根据。但是，男女的体型确实有明显的不同。男性肌肉较多，身体线条清晰；女性则是乳房和臀部发达，身体较为柔软。

在沟通方面，我们也很难相信男女完全相同。尽管有例外，但一般的印象是男性沉默寡言，女性热衷聊天。他们的大脑真的没有不同吗？

目前已知，虽然男性与女性的大脑形状和大小都相同，但在"使用方式"上却有很大的不同。美国宾州大学在2013 年发表于《美国国家科学院院刊》的研究表明，女性左右脑的联系比男性更活络。

在胼胝体的粗细方面，如前所述，男女并无差别，但

左右脑的信息交流还是以女性较为密集。这就表示女性更擅长使用整个脑部。女性的确给人直觉敏锐、爱交际、健谈、善于解决团体问题的印象。

而男性则在逻辑思考、判读地图方面的能力更强。但反过来，在维持理性与情绪的平衡、处理压力方面不如女性。也难怪男性会像解数学、理科习题般，依靠理性和逻辑将失恋合理化。

相反，女性则会用整个大脑来处理失恋，或许这才是更聪明的做法。

不要盲目认定所谓的男性化或女性化

这是我个人的疑问：面对感情能够做到"一刀两断"的，真的都是女性吗？我认为问题并没有这么简单和刻板。无法走出阴影的女性也大有人在。只要看到前面举出的厌食症和暴食症的例子，便不难了解。

虽然程度因人而异，**但男人有女性化的地方，女人也有男性化的地方**。我个人认为，一旦过度在意男女的差别，就容易做出"女人爱说话""男人在独处时比较冷静"这类有失公允的结论，这样反而让我们更容易被影响。毕竟，人类更为多样化。

　　为了不被情绪烦恼，与人沟通很重要，独处也很重要。想独处时却被拉到需要沟通、表达的场合，更会加重脆弱心灵的负担。而一直龟缩在自己的壳中，也会倍感孤独。将对男女之间不同的了解停留在入门的层次，思考适合自己的方法，才是最实际的。

（　要点　不要在意"因为是男性"或"因为是女性"，而是要从"我应该怎么做"这一点来思考事物。

男性化、女性化与荷尔蒙有关？

荷尔蒙的分泌量因人而异

男性身上只有男性荷尔蒙，女性身上只有女性荷尔蒙，这是一个错误的想法。事实上，男性体内会分泌女性荷尔蒙，女性体内也会分泌男性荷尔蒙。而目前已知女性体内的男性荷尔蒙，约为男性的 1/10～1/20。

男性荷尔蒙、女性荷尔蒙的正式名称分别为"雄激素"和"雌激素"，但为了理解方便，一般都称为"男性荷尔蒙"和"女性荷尔蒙"。

男性荷尔蒙具有将蛋白质转换成肌肉、形成肌肉多的体型、增生皮脂和体毛（很遗憾不是头发）、提高性欲等功用；而女性荷尔蒙的功用则是形成女性特有的圆润体型、控制月事和怀孕、维持美丽的肌肤与头发，等等。

男性荷尔蒙和女性荷尔蒙的分泌量及比例，其实因人

而异，也会随着年龄和生理周期而改变。因此，会有男性化的女性、女性化的男性，或是外表让人看不出性别的人。

荷尔蒙对心理的影响

男性荷尔蒙与女性荷尔蒙会对心理产生怎样的影响？先来说男性荷尔蒙。男性荷尔蒙越高，攻击倾向越强。换个角度来看，感觉是主动选择"不被情绪影响"吧。

但是，在现代，因社会压力造成的男性荷尔蒙减少在加重，从而引发焦虑、疲劳等身体不适的症状，甚至成为男性不育的原因。

那么，女性荷尔蒙能否帮助人们将个性变得温和、稳重，并"懂得放下"？这个说法看似合理，却没有数据可以支持。倒是女性荷尔蒙在提高记忆力、预防阿尔茨海默病等方面颇值得期待。只不过问题并不是女性荷尔蒙多，头脑就聪明这么简单。

女性荷尔蒙减少，便会出现众人皆知的"更年期障碍"，有脸部发热、倦怠、暴躁、原因不明的疼痛、失眠等症状。

由此便能了解男性荷尔蒙和女性荷尔蒙不仅对身体重要，对心理也很重要。无论如何，我想大家都能了解压力会造成荷尔蒙分泌失调。

若"男性荷尔蒙"占优势，攻击性和积极性提高了，或许能产生"不被情绪影响"的看法。但也会令人想到易怒和霸道，看来并不是好的意义上的"不被情绪影响"。

荷尔蒙无法凭个人意志来调节。我们能做的，顶多是培养面对压力的能力，维持荷尔蒙分泌的平衡。

更进一步来说，太过在意"男性化""女性化"这些社会要求的既定形象，也会成为"被情绪左右"的原因。实际上，性少数派人士因社会的压力而感到烦恼的人也不在少数。

要点　不要过于在意社会中"因为是男性""（举止）要像女性"的说法。

有人天生就容易被影响？

个性完全取决于遗传？

"没办法，我爸妈的想法都很负面。"

也许有人认为自己放不下的个性是遗传自父母。

"容易放不下"或"不太执着"的个性，究竟是天生的还是后天成长环境造成的？

如果个性取决于基因，那么拥有相同基因的同卵双胞胎的个性应该一模一样。即使在不同的环境、由不同的人养育，也会一样才对。

但综合为数众多的双胞胎研究，**结果发现个性的30%～50%取决于遗传，而50%～70%受环境影响。**虽然有一部分来自遗传，但环境的影响更大，这就表示个性可以通过自己的努力来改变。

基因左右血清素

"血清素"是缓和抑郁与不安的神经传导物质。调节血清素的是名为"血清素转运体"的蛋白质，而管理血清素转运体机能的，则是名为"血清素转运体基因"的基因。

血清素转运体基因有两种，一种是基因序列较短的 S 基因，另一种是较长的 L 基因。

由于人类的等位基因一个来自父亲、一个来自母亲，于是便会出现三种组合：两者皆是 S 基因（SS 型）；一长一短的组合（SL 型）；两者皆是 L 基因（LL 型）。

研究发现，处于压力状态下，SS 型的人比 SL 型的人和 LL 型的人更容易感到不安和抑郁。

其中，日本人以 SS 型和 SL 型居多，而美国人则是 SL 型和 LL 型较多。

换句话说，日本人容易被影响，而美国人比较不会被影响。

环境会改变基因

如果人的个性完全取决于基因，这个发现或许会令人震惊，但正如前文中提到的那样，事情并非如此。社会和环境有足够的机会改变基因带来的影响。也就是说，基因和环境是互相影响的。

也有研究发现，即使是容易被情绪影响的 SS 型人，有了与社会的接触和支持，也不会轻易发展为抑郁。因此，我们不该认定"容易被情绪影响是遗传的"。

基因并非一辈子都改变不了的"命运"，而是可以利用周围环境来改变基因造成的影响。而通过与他人和周围的交流，才能打造对自己而言最理想的环境。

要点　积极与周围人交流，改变环境吧！

第三章

放下情绪的习惯练习

练习 1　将"不被情绪影响"化为动力的
　　　　　阿德勒心理学

无法忘记不愉快的回忆和造成压力的烦恼，因而"被影响"，是人类为了生存不可或缺的心理机制。

要改变这个预存在人类心中的想法并不简单。反而接受"不愉快的事就是会让人放不下"，并以此为动力的正面想法，能让我们的心志变得更坚强，从而"不被情绪影响"或是"不容易被情绪影响"。

具体而言，应该怎样想呢？给予我们提示的，便是与自我启发渊源极深的阿德勒心理学。

关于阿德勒心理学，市面上已经有非常多的相关书籍，在此我只做简单说明。阿德勒心理学认为，"因为有痛苦的过去，至今才会仍放不下"，这样的"原因论"并不适用。也就是，**因为有"心灵创伤"，以至于到今日仍感到痛苦，**

这样的说法是错的。

阿德勒心理学所提出的"目的论",认为所有的感情与行动都是有目的的。"因为被情绪影响而痛苦"也是有其目的。"因为被情绪影响而痛苦"并非不得不背负"心灵创伤"这个重担,而是为了"达到不想改变的目的",这就是"目的论"。

让建设性的行动成为习惯

换句话说,**不是过去发生了什么让我们无法改变,而是因为不去思考自己未来想成为怎样的人,所以什么都不会改变**。只有自己才能改变自己。

虽说是改变自己,但改变想法、当个正面积极的人,这样的目标未免太过模糊、太像口号,反而没有意义。最重要的是,在日常生活中不断反复进行固定或常做的具体行动,其实就是养成习惯。

那么,该怎么做才能让"目的论"成为习惯?首先,要以"成为有建设性的人"为目标。例如,有人现在还是很怕听到别人提起过去的不愉快。

不要因为怕就一直逃避，而是尝试采取"一天跟自己说一次"的具体行动。与其只知道烦恼，不如采取有建设性的行动，让事情多少能有改善或是引起变化。

但若是无论如何都改不了"生理上的无法接受"，那么，通过换工作或搬家产生实际距离也是很好的行动。**只知道烦恼，一生都会被别人左右。**自己做出判断并采取行动，才是养成无惧压力的习惯的第一步。

当然，强迫一个处在绝望深渊的人做这类"自己的决定"，实在过于残忍。并且，我们自己也有明知道应该笑却笑不出来的时候。为了从种种沮丧、挫折中站起来、为了不被情绪影响，我们需要这样的想法，并且基于这样的想法来采取行动。

是否了解这一过程，在处理压力上会出现很大的不同。

要点　　与其过度在意过去的"创伤"，不如采取有建设性的行动。

练习 2　提高身心柔软度的"韧性"

克服压力的"韧性"

"韧性"（resilience）这个词已经流行了很多年。自从美国前总统奥巴马在演说中使用了这个词，它便受到大众的瞩目。此外，IBM 和强生集团等跨国大企业也在研修中采用了这个概念。"韧性"到底是什么？我们先简单地了解一下。

"韧性"是指当我们遇到逆境或困难时，表示"回弹""不屈服""复原"等，产生"抗压力"的意思。以本书来说，使用"放下情绪的力量"的说法也十分贴切。

这是从"我害怕压力""DNA 存在问题"等消极角度看待问题而衍生出来的表达方式。

韧性不是单纯的乐观主义，它的背后是有科学证明的。

美国的发展心理学家艾美·E.沃纳做了一个研究，以夏威夷群岛中某座岛上出生时便有问题的孩子为研究对象，观察其身体、智力的发育，并持续追踪调查直到他们长大成人。

698 名研究对象中，有 201 人具有数值异常等危险因子，但其中约 1/3 的孩子都成长为身心极为健全的人。也就是说，出生时的问题未必会在长大成人后造成异常。

那么，该如何提高韧性呢？想必很多人都想知道答案。

想要提高韧性，需要本书一再提及的感情控制与自我效能，以及一定程度的乐观。并且，不妄自菲薄的自尊，也是韧性所必需的要素。

拥有良好的人际关系

其实并不存在能够快速提高韧性的开关，几乎要长期努力才能够提高韧性，例如养成均衡饮食、优质睡眠、勤于运动等良好的生活习惯，培养面对困难时的正确想法，等等。

在此我想强调的是，提高韧性最重要的一件事，就是良好的人际关系。现代社会的通讯虽然因为互联网的发达而更加便利，但面对面的沟通却明显减少了。与家人、亲戚、左邻右舍之间的接触也不如往日亲密。

连句抱怨话都不敢说的孤独和孤立是削弱韧性的负面因素，而这个因素未来将会落在我们身上。危险的程度也许比前例中夏威夷群岛的人们还严重。

人身处逆境时，容易蜷缩在自己的世界里。若周围的人不知道我们正在受苦，纵使再愿意帮忙，也不知道要如何援助。于是我们越来越孤独，陷入"放不下"的恶性循环。

无论能否解决问题，拥有可以抱怨或说出困难的机会，是提高韧性最实际的方法。

对此，平日注重人际关系是很重要的。如果有"好久没一起喝酒了"的朋友，就主动邀朋友来一场聚会吧！这正是提高韧性最切实的行动。

要点　珍惜可以尽情抱怨的良好人际关系。

练习3 化"愤怒"为感谢

将愤怒与怨恨转化为其他感情

要消弭多年的愤恨并不容易。在我的患者中，有不少人仍对多年前在职场遭到的欺压、抛弃自己的情人感到愤怒，甚至连童年时期对父母的怨恨直至今日仍是耿耿于怀。

让愤怒一直是愤怒、怨恨一直是怨恨这样长期留存下来，也是"容易被情绪影响"的典型案例。**我们无法强硬地"删除记忆"，既然忘不掉，就只能把这些"转换"为其他感情。**

我的朋友 D，家里经营江户时代起便代代相传的老字号旅馆。父母理所当然地认为 D 会继承家业。然而，D 却反抗父母，坚持不继承旅馆，一头栽进戏剧圈。换句话说，他在父母的眼中是个"逆子"。

大学毕业后，他成了上班族，却因父亲脑中风而不情不愿地扛起家族事业。话虽如此，他却无法在一夕之间就胜任经营管理等工作，因此那时他做的几乎都是应付醉客、打扫大浴场和客房整理这类体力型的基层工作。

"老子不干了！"

他说他不知这样想过多少次，抱怨自己的命运，没有其他可以继承家业的手足，最后甚至抱怨起父亲的病。

感谢的心能化解愤怒

根据 D 的自我分析，**他之所以能够改变充满愤恨的心态，是因为他在员工训练中，经常被迫接受"感谢的心"的重要性**。他领悟到，不改变自己就没有资格教别人，一直闷闷不乐对自己没有好处。他还说，父亲过世之后，感谢之心不可思议地油然而生。

D 的愤恨绝不是靠时间化解的，不是为了他人和旅馆，为了自己而改变才是最主要的原因。

转化愤怒和怨恨的，不是快乐和喜悦，也不是对方的失败和厄运，而是对自己以外的人或事物心怀感谢。

我想建议大家对家人、同事、部下等关系亲近的人也要养成说"谢谢"的习惯，把感谢说出来。面对亲近的人或是辈分比自己低的人，我们难免会有"用不着道谢"的想法。即使如此，**把说"谢谢"当作义务也没关系，只要能养成把感谢说出口的习惯，因压力而疲惫的情绪便会平静下来，自然能够感谢身边的一切。**

要点　对关系亲近的人也要说出感谢。

练习 4 "死脑筋"的人容易被情绪影响？

"固执"是年纪的问题？

"最近的年轻人真是。"

"部长的想法已经过时了！"

只要有人际关系，就无法避免出现代沟。以中立的立场来看，也许会认为双方的想法都很"固执"。因为他们都排斥对方的想法，坚持不肯接受。

一般人都说上了年纪就会变得"固执"，但年轻人也会如此。因为年轻人也会对前辈的意见和忠告充耳不闻。

我试着整理自己从医学体系教育经验中学到的固执的人的特征，观察的对象不仅有大学生和实习医师，也包括同事和上司。

有位年长的 E 医师，向来就很坚持自己的做法。这么说虽然有些对不起这位医师，但他正是典型的"固执"人士。他最夸张的行为，就是处方绝对不开新药，只开自己年轻时使用过的旧药。虽然只使用新药的做法也有待商榷，但 20 多年都没改善，也实在令人头痛。

要是有人给 E 医师提出建议就好了，但年轻的医师不敢这样做，导致他在思考和技术上的"孤独"变本加厉。**可怕的是，他并没有发觉自己过于固执。**

养成列出多个选择的习惯

有时候我们难免会过度坚持自己的经验，从而否定、排斥新事物。但若对新做法或系统产生了"好懒、好麻烦"的排斥感，就要小心了。剔除个人感情，能够客观地思考是很重要的。

自己独自做出判断、解决问题，不听别人的意见，这些也是让思考僵化的习惯。有些人高高在上地认为"向年轻人请教很丢脸"，只会变得越来越固执。

我个人认为，**很多时候都是因为"感情"导致思考僵化了。**头脑越好的人，越容易想出各种理由来反驳别人的意见，因此必须特别注意。

要让思考方式更有弹性的方法很多。首先，从零开始，**换句话说便是刨除感情，冷静判断。如果觉得很难，那就养成列出多个选择的习惯。**即使心中明白答案，也要去思考其他的选项。如果觉得在脑海中想很累，可以尝试把问题写在纸上。

不妨练习将感情和先入为主的观念放在一旁，从零开始思考。人在无意识的情况下也会有成见。毕竟，也会有染了一头金发看起来像不认真学习的学生，其实却是个有礼貌、比谁都加倍用功的人这样的案例。

但是，只是坐在椅子上绞尽脑汁地思考，能做到的事是有限的。重要的是用身体来"体验"，而不是用脑袋想。各种体验和行动都会让我们的想法更有弹性。体验和行动会创造出全新的人际关系，也能刺激大脑。

就像面包的面团，静置发酵的过程固然重要，却少不了动手揉捏的工序。人类的思考方式也有相似之处，因此，身体的活动是非常重要的。

要点　即使心中已有答案，也要列出选项。

练习5　勇敢地"放弃"

放弃，只是看清事实

"只要不放弃，梦想必定会实现。"

"放弃了，就只能到此了。"

市面上与自我启发有关的书里，有很多指责"放弃"的论点。

遇到困难仍然"坚持、不放弃"，当然很重要。过往有数不清的成功案例告诉我们，当事人曾经多次想放弃，努力撑过一段阴暗的时间后，最后终于成为一流的成功人士。

然而，**如果对所有的一切都坚持不放弃，心灵将会无法承受压力**。对一个与自己实力相差十万八千里的目标扬言"不放弃"，恐怕会令人更加不幸。

"把放弃当坏事"，正是"被情绪影响"的原因。

学会如何"勇敢的放弃"是很重要的。为了"不被情绪影响"而学习"放弃"，接受内心的纠葛，人生才能向前走。

前面讨论过男女大脑的不同，尤其是男性，会习惯性地对失败做逻辑上的分析。若是工作上的失误，也许有必要去探究原因，但有些事情依靠逻辑也无法找到答案，或是虽然找到答案也无能为力，这种情况只要想想失恋和离婚应该就不难明白。

越是喜欢追求答案的人，越需要掌握"放弃"的技术。

但是，在那之前，我们先来看看"放弃"是什么。

所谓的"放弃"（日语拼写中带有"谛"字），在日语中最初并非死心、断念、弃权的意思。

在佛教用语中，"谛"字有"观察并明辨真理"的意思。

也就是说，"对于没有答案的事物，无法提出答案"。如此明快判断才是"放弃"这个词真正的意思。**如果让我来解释这个佛教的教诲，我认为应该是"将判断用括号保留起来"吧。**

想必有很多人听到"谈论真理"就会不知所措，因此在现实中暂时不做判断才是现代式的解决方式。若是觉得自己好像快"被情绪影响了"，就先"搁置""放在一旁"吧。

人类，无法控制一切

只靠自己一个人，无法控制一切。别人的想法和行动，以及天气、地震等事项中存在"运气"的成分。懂得"办不到的就是办不到"而直接放弃，是积极意义上的"放下"。

与其从"放弃"与"不放弃"中二选一，不如从现有的选项中各选出一个，放弃找出"被情绪影响"的原因。对于自己无能为力的事，就从脑中放手吧！

改变对于"放弃"的消极印象，或许能够清晰看见迄今为止模糊不清的事物。

要点　　与其烦恼无法做出判断，不如暂时放弃。

练习 6　"假设式思考"是陷入后悔和迷茫的原因

告别"假设式"的思考方式

人类在为了某事而烦恼时，会感到后悔、迷茫。

"要是那时候那样说的话，也许她就不会离开我了。"

"要是我有资金的话，就能做各种投资了。"

当我们为不愉快的回忆和罪恶感而感到不开心、闷闷不乐时，会出现很多诸如：

· "如果……"当时那样做的话

· "要是……"在那里这样做的话

那些没被自己选到的选项，是不是显得非常美好呢？

人生本来就是一连串的选择。**每次都做出正确的选择，**

或者做出有利于自己将来的选择，当然是不可能的。

告别"如果……"的思考，也会有助于培养"不被情绪影响"或是"不容易被影响"的内心。

但是要怎样做，才会不去想"要是这样""如果那么做"呢？

比起事后后悔，不做更后悔

"如果……"是一种假设的逻辑分析。在计算机程序上，会以"if then"的条件来思考，它是分析失败时不可缺少的过程。

但是人类的"如果……"这类假设中的借口和辩解的成分就重了。当借口和辩解成为虚无的自我正当化时，反而会长期陷入负面情绪。

想要告别"如果……"的思考，可以想想自己所做的决定是"做"还是"不做"。比起"早知道不该那样做的"，"早知道就做了"这种没有做的决定，会让人感到更后悔。

若是挑战后或采取行动后感到后悔，那就不需要担心；因为自己的意愿而选择"不做"，至今也不觉得后悔的话，那也没有问题。

"说不上为什么，就是没有做"而至今仍后悔不已的人，下次说不定还会重蹈覆辙。但"没钱""没时间"都不算自己做出的选择，因此不要将其作为借口。

接下来是"行动"。陷入"如果……"的思考时，其实也是站在往前走的出发点上。如果感到迷茫，就选择"将来不会变成'如果……思考'"的行动吧。

⌒**要点**　与其因为没做而后悔，不如直接发起挑战吧!

练习 7　用快乐的经验覆盖，加深工作记忆

覆盖大脑里的记忆

　　要删除不愉快的记忆，有个最简单的方法，便是以其他的愉快记忆覆盖上去。虽然不愉快的事很难淡忘，但与其一直被烦恼绊住，不如给大脑新的刺激，这才是积极的处理方式。

　　"干扰作用"能够影响记忆，这是有科学根据的。例如我们在背历史事件的时候，先记 794 年的事再记 1192 年的事时，先记的年分会比较难回想。这便是先前的记忆被其他记忆影响的"干扰作用"。

　　这种干扰作用，对记忆大多是不利的影响。而除了年份以外，越类似的东西越容易相互干扰，使得记忆内容出现混淆。

然而，不愉快的经验和背诵历史事件不同，越不愉快的经历会记得越牢，造成相反的干扰。失恋伤心时再去看失恋主题的电视剧，就像在揭旧伤疤，反而会令人在失恋的痛苦中陷得更深。

　　不愉快的记忆，实在很难用类似的不愉快的记忆覆盖。

　　那么，可以用快乐的记忆来中和吗？前文中曾提到，人类的大脑会牢牢记住失败的记忆。一直以来，人们都认为快乐的记忆无法消除不愉快的记忆。实际上，无论是从我接触的患者的经历还是从我自身的经历来看，能够看出不愉快的记忆是个相当难缠的对手。

快乐会提高效率？

　　对于此问题，现在有研究指出未必如此。2015 年，美国伊利诺伊大学的研究小组发表的研究结果指出，快乐的事能提高工作记忆。

　　所谓的工作记忆，就是在工作中记住手机号码或电子邮件账号之类的记忆机能。在做某件事的同时短暂记住其他事物的过程，是在工作或料理过程中不可或缺的，这个机能也叫作"步骤脑"。

很多研究已证实不愉快的经验会降低工作记忆，也会导致步骤组织能力低下。一直以来我们也认为，快乐的事几乎不会给工作记忆带来影响。

但是，现在我们知道，不愉快的经历和快乐的经历都会影响脑中主管工作记忆的前额叶皮质区。只是在不愉快的时候，前额叶皮质区会牵连杏仁核等"情绪脑"；相对地、快乐的经历却会与"情绪脑"拉开距离。

这告诉我们，**制造快乐的经历，人类的工作效率会提升，就结果而言，或许能让我们走出"被情绪影响"的状况**。有意思的是，令人心旷神怡的风景和物品也有积极的作用。

要刻意"制造快乐的经历"未免有些困难，但如果是风景或物品的话，在我们的周围应该存在不少这类事物。选择适合自己、觉得漂亮和美丽的东西来观赏，也是摆脱不愉快的一种方法。

离开办公室小憩一番、看看大自然的青山绿水、发现美好的居住空间，也是日常生活中能够做到"放下情绪"的练习。

⌒ **要点**　**在日常生活中选择能够让自己变得快乐的家具和风景吧。**

练习 8　无法割舍的 4 种人生烦恼

工作和生活的切换

我们经常会把工作中的烦恼带入私人生活中。在工作中出了错，回家迁怒家人就是其中一个典型的案例。

当然也有相反的状况，迟迟没能从失恋的打击中走出来，甚至连重要的工作都无心完成；为了家人的病情而焦虑，犯下意想不到的失误。这类经验大家或多或少都有过。

工作中的我和在家享受私人时间的我，其实都是我。因此，要区分工作和生活是相当困难的。

想必有很多人努力想要不将工作带回家，但又因公司禁止加班而不得不在家工作吧。虽然不会经常接到电话，但无论是否在上班时间都会收到电子邮件。

我们常常会听到切换工作和生活的重要性，但我认为要将二者完全分开、完全不被烦恼影响是不可能的。即使在工作中，也会想一下回家后要做的事；下了班，心里还挂念着重要的工作项目，这才是现实的生活。

人类的烦恼只有 4 种?

不如换个想法吧，或许也有从种种烦恼中选择"被影响了也无妨"的做法。要看开一切，实在不是一件容易的事。

"失恋了，暂时伤心也没关系。"

"今天工作出了错，回到家也会情绪低落吧。"

如果能这样想，就证明你的心已经从容了。

所谓"被情绪影响了也没关系"，也正是走向未来的积极态度。因为我们原谅了"放不下"的自己。

有个说法认为，人类的烦恼经常碰上的大概有 4 种：人际关系、金钱问题、健康问题与未来。在精神科的诊所里，患者的烦恼几乎都是这 4 种。

面对这 4 种烦恼，不妨允许自己"放不下"吧。职场上人际关系破裂、被裁员而造成生活问题、被医生宣告罹患癌症、对自己的将来感到不安……我听过无数种烦恼，面对这么沉重的烦恼还不会被情绪影响才更加奇怪。

另一方面，"我绝对不要被这种事影响""我要转换心情"的状况，只要做出一个决断就足够了。例如，面对提案失败了，会议时说了不适当的言论等，这些想在当天清除的不愉快，就果断地"放下"吧！

关于 4 种烦恼，不一定要强迫自己"不把工作带回家""不把私人问题带进职场"，将工作和生活分开，也可以和家人、同事谈谈自己的事。只是要注意尺度，不要变成在家抱怨工作、在职场上猛吐家里的苦水就好。

要点　4 种烦恼不过是过度在意区分"工作"和"生活"。

练习9　学习真正的"正面思考"

在运动界也很重视心理健康

即使是工作上表现杰出的人，也未必在新人时期就能够出色地完成工作。同样，也有不少一流的运动选手在刚踏入运动界时成绩一败涂地，对竞争对手毫无威胁。

"也许我不适合做这一行。"

"我不会就这样不上不下地过一生吧？"

充满负面思考的"被情绪影响"的时期也很重要。把事情想得很糟糕，那么遇到平常的事情就会觉得很正面。就像我们从很深的谷底往上看，即使一个人站在不高的悬崖处，也会觉得他像是站在地面上。

但是，我们不能让负面思考无止境地蔓延。本书的主题是将负面能量一百八十度扭转，避免"被情绪左右"，从而让人生不断前进。

容易出现积极思考和消极思考的正是能够立即看到结果的"非胜即负"的世界。无论是学生的社团活动，或是世界顶尖运动员和职业选手，都是获胜会高兴，输了会懊恼。以往的运动员总是偏重身体、体能方面的训练，但近年也开始重视心理的训练和调节。

失败和低潮期、因受伤而造成的挫折等，导致运动员无法不"被情绪左右"。但最关键的是能否从最艰难的困境中爬出来，持续努力。

在有限的条件下使出全力

以负面思考为动力突破困难，这是前面提到过的"韧性"。想要强化意味着反弹力、复原力的韧性，就需要具备对事物更有弹性的看法。例如：

"竟然比赛前受伤，怎么只有我这么倒霉？"

"练习的环境和别人比根本差太多了。"

抛开这些不满和怨言，在"有限的条件下使出全力"，从逆境中找出意义和价值，便是很好的例子。

美国华盛顿大学的彼得·维塔利亚诺教授认为，**具有**

韧性的运动员，会解决问题或向他人求助；相反，韧性弱的运动员则会回避困难、找借口，或是责怪别人。

只有冷静思考如何解决问题、懂得向他人求助、韧性强的人，才拥有真正"正面思考"的能力。而韧性的强弱与否，在某种程度上只有曾经"放不下"的人才懂吧。

其实不只运动选手，一定还有很多人因为健康或经济上的问题而感到不如意。我们要学习的不是"环境差""真正的我不只如此"这种强迫式的正面思考，而是从"现在能做的事"着手，学会真正的正面思考。

要点 积极地关注"现在做到的事"。

练习 10　高明的借口与差劲的借口

给自己"高明"的借口

在第一章里，我们提到借口是禁忌，但也有例外状况，便是只对自己编造高明的借口。

例如，在提案时无法顺利回答对方的提问：

"因为时间匆促，没有准备好。"

"就算现在想起来，那个问题还是很难。"很多人会试着这样思索借口。

在精神分析中，将思索种种借口的行为叫作"合理化"。为自己的失败寻找适当的理由并加以正当化，以确保当事者精神上的安定。

我们甚至可以这么想："原来还有这种心理机制啊，那以后就可以放心大胆地找理由了。"

但是，在这时候，借口是否足够高明就会导致出现差异。高明的借口，不是将责任转嫁给别人。

"听演讲的人都是怪人。"

"叫我提这种方案，部长真是有病。"

这些是差劲的借口。"合理化"在保护自我心理的防御系统中的等级其实也是较低的。

因为提出"合理化"的英国精神分析学家欧内斯特·琼斯，所举的例子正是《伊索寓言》里"狐狸与葡萄"的故事。

这个故事很有名，在此便省略情节。故事的结局是，狐狸把它怎么跳也触不到、想摘也摘不到的葡萄说成"那是酸葡萄"。

要针对状况找借口

不用说，大家都知道"狐狸与葡萄"这则寓言是在讽刺凡事找借口推拖的人。而把错误推到他人或公司上的人，就和故事里的狐狸一样。虽然不能怪他人，但要怪自己的时候，也必须小心。

过于责怪自己，会让自己"被情绪影响"。

不要用"是我不好""是我太懒""是我不用功"这类贬低自我价值的句子，而是**用"因为时间不够""因为运气不好"这种借口，把问题归咎到不可抗力上，可以减轻责怪他人的语气。这才是高明的借口。**

再加上"不巧"这两个字，感觉就不会很沉重了。

最后，就算能找出高明的借口，最好也不要说给他人听。要把借口当成安慰自己、让自己放轻松的方法，这样才是更明智的做法。请记得，差劲的借口会变成人人听得到的声音，而高明的借口只存在于自己心中，不会在众人间流传。

要点 不要判断自身价值，而是在大脑中将不可抗力作为借口。

第四章

不被情绪左右的
沟通练习

练习 11　具备接受多样性的"宽容"

感谢便是认同对方的价值

依照最近的经验，有很多因为在网络上被批评、辱骂而精神不稳定的人。尤其是年轻患者，也有人因为在LINE、推特、脸书上被恶意中伤，而导致失眠或抑郁症恶化的问题。

我的朋友当中，也有人每天都必须接触网络世界，却因为网络论战而导致心情变得痛苦万分。数年前，我也曾因为在推特上发表个人看法，遭到陌生人的严厉批判并被要求道歉，最后甚至被人身攻击，从而情绪变得不稳定。因此，我很能理解因为心灵受伤而身体出问题的情况。

由于电子邮件和社交网络的出现，人与人之间的联系的确更加方便了。相对地，**因为面对面的沟通减少，表情、语气等非文字叙述的微妙部分也变得难以传达。**

结果，仿佛失去盾牌保护一般，彼此以恶毒言论攻击、批判的情况越来越多。即便是与之无关的第三者看到这些言语暴力，也会感到不适。

英语中，有一个表示感谢的单词"appreciate"。当别人为自己做了比"thank"更特别的事，便会以此表达谢意。追溯这个词的词源，appreciate 的 ap 是"朝向"，preci 是"价值"。换句话说，所谓的感谢，其实是认同对方的价值。

未来的世界，更需要宽容

自己的意见绝对正确，价值观与自己不同的人就是错的——这样的想法，会让人渐渐无法容忍他人。自己的想法、关心的事，和与之有矛盾的人及事物在心中同时存在，因而产生不适感，被称为"认知失调"。这时候，就容易出现否定对方且具攻击性的行为。

除非对方的行为具有严重的反社会倾向，否则努力认同对方的价值正是宽容的精神。

网络人群的年龄有高有低，所在位置有远有近。具备接受多样性的宽容会使我们产生感谢之心，进而尊重对方。这样的宽容，在未来的社会势必会变得越来越重要。

对此，一般认为这与大脑内名为"催产素"的荷尔蒙有关。实验结果表明，当催产素的浓度上升时，便会对他人包容、和善。

现今的医学水平无法做到将催产素做成药丸，让人随身携带补充。但我们能做的就是自备宽容和感谢的心。为此，"认同对方的价值"正是不可或缺的能力。

建议大家应该采取的具体做法，就是当我们面对某个与自己价值观不同的人心生厌恶时，不妨停下来想想为什么对方会如此。

前面说过，我也曾在网络上被激烈地批判。被一个素不相识的人狠狠地抨击，这让我感到十分痛苦。但是，应该是我写的文章与他的想法相悖吧。**我努力以"原来也有这种看法"来接受对方的批评，同时想办法避开情绪化的言辞。**

为了做到"不被情绪左右"，我们要换位思考他人的言辞、行为，并从中找出价值。在今后的时代，这样的能力将会变得十分重要。

要点 接受多样性，宽以待人。

练习 12　其实你不必过度"热心肠"

注意热心是否已形成"依赖共生关系"

我们在帮助他人之后，都会有种莫名的好心情。帮助他人的同时会刺激令人感到幸福的荷尔蒙——催产素，结果当然会开心。

但是，热心肠过度，什么事都想帮忙，只会让自己感到疲惫不堪。只为了满足别人，劳心劳力付出一切，但事后忽然省悟时，是否会觉得空虚呢？

有一种现象叫作"依赖共生关系（codependency）"。举例来说，母亲面对购物成瘾的女儿拼命买名牌的行为明知不正确，却无法开口拒绝女儿金钱方面的请求。由于自我评价低，只能靠别人的认同来获得满足。因此会为了博得别人的好感而过度热心，甚至自我牺牲式地奉献。

在上述例子里，依赖共生的母亲正是因为害怕被女儿讨厌而不断供应金钱。除了有钱人购物成瘾外，酒精成瘾中也常见依赖共生关系。如果不改善这种关系，上述问题永远都不会改变。

如果是为了博得他人的喜爱而热心帮忙，那只是流于表面的讨好。而为别人的评价时喜时忧，则是完全陷入了"被情绪左右"的圈套。

不是一味帮忙就好，**而是要判断每次的热心帮忙，是否对彼此都有益、对他人友善，这才是最重要的。**

"热心"不能一概而论

还有另一份数据显示，过度热心会有碍心理健康。日本国立成育医疗中心研究所成育社会医学研究部的藤原武男部长根据所做的调查发现，在金钱上给予援助或是倾听烦恼，容易诱发抑郁症。

的确，借钱给别人如同为将来埋下麻烦的种子，而倾听别人的烦恼之后，很容易身心疲惫。持续在这些方面热心帮助他人，确实会在精神上元气大伤。

那么，好的热心肠是什么呢？我们从结果得知，帮忙开车接送、照顾孩子，这类援助对心理具有好的影响。

　　这样看下来，可知为别人所做的"利他行动"对精神层面的影响有好也有坏。**认为"热心帮助他人是好事"的人，要多加留意这一点。**要明白会对自己造成负担的帮助和援助，反而可能对自己有害。

（要点　　想想"热心肠"是否对双方有益。

练习 13　让快要愤怒、后悔、情绪化的
　　　　　自己"暂停"

因为负面情绪而无法专心时的对策

在与人沟通时，最需要避免的情况之一便是"迁怒"。也就是无法压抑住愤怒、后悔等情绪，并发泄在无关人士身上的现象。当然，被迁怒的人会感到莫名其妙，非常不开心。

有时候虽然算不上"迁怒"，但心情经常很差的人无法控制自身的情绪，会显得心理上十分幼稚，因此在职场中要格外注意。

虽然有很多防止情绪化的方法，但在"最大的敌人就是自己"的运动领域，隐藏着许多我们立刻就可以运用的秘诀。

即便是心志坚强的运动员，犯错时情绪也会出现波动，

或者是一直因私事而烦恼，无法集中精神参加比赛。

这时候有个有效的处理方式，便是运动心理学所说的"停车"。换句话说，就是"让烦恼在脑海中的一部分'停车'"，也就是心理上的停车。

"停车"就曾在德国的足球代表队中展现威力。当时，前锋主将米洛斯拉夫·克洛泽因媒体报道妻子疑似出轨，一直处于无法集中精神比赛的状态。于是，心理训练师汉斯·迪特·赫尔曼给他的建议便是"停车"的做法。赫尔曼劝他："如果你有无论如何都很在意的事，那就先让其在脑海中的某一部分停车，晚点再想。停好车，就能专心做其他的事。"

之后克洛泽便恢复正常，帮助德国拿下 2014 年在巴西举办的世界杯足球赛冠军。这个停车理论，也因日本松元大学人类健康学系的齐藤茂专任讲师运用在细贝萌选手身上而被日本人熟知。

具体想象自己的"停车场"

也许大家会认为，如此单纯的思考方式竟然能让人不被烦恼影响，实在是不可思议。但我个人认为，就是因为将心理这种看不见又难懂的东西比喻成"停车"这种容易想象的具体事情，这个方法才会奏效。特别是对像运动选手这样寻求实际运用方法的人，只说"正面思考""不要去想烦恼""转换心情很重要"，未免太过抽象而无法运用。

无论是自家的车库，还是公司的停车场，或是投币式停车场，总之，想象一个自己曾经看过的停车场，**再想象把满载着烦恼和心事的车子开进去、熄火、停下的情景。**

单靠语言思考事物有一定的限度。从运用想象力来转换心情的角度看，停车是个很有意思的方法。这个方法不仅可以应用在运动上，也可以运用在工作上。

若已经被影响而心情不愉快，就暂停一下吧。大脑里不会有违规停车而被开罚单的情况，及时停车并往前走吧，可以回过头来再取车。

要点 先暂停烦躁的情绪，集中精力做好当前应该完成的事吧。

练习 14 你的 "正义感" 不代表一切

正义感太强的人放不下愤怒

有人在路上乱丢垃圾、有人乱插队，绝大多数的人看到这种情况都会生气吧。当然，我也会火大。

"这点公德心都没有吗？！"

社会上有既定的规矩。有的是法律明文规定，有的是身为人就应当知道的常识。然而，所谓的 "应当知道这些事" 的标准却因人而异，这就是人类有趣的地方。

正义感和伦理道德都很重要。但是，当这份正义感太强时，就会深陷愤怒，影响人际关系，成为被情绪左右的主要原因。

过多的正义感会影响人际关系

F 小姐的双亲都是老师，或许是因为这样，她最讨厌不正当的事。高中时代的她才艺双全，当大学同学都逃课玩耍时，只有她不为所动，坚持认真上课。

大学毕业后，考虑到将来的发展，她进入通信产业，被分配到会计部门。对擅长簿记的 F 小姐而言，正好可以发挥所长。

在适应工作的过程中，F 小姐发现了许多"连这种费用也能报账"的会计处理项目。

尤其是随着工作表现不怎么样的 G 前辈提交越来越多不符合规定的收据，正义感强烈的 F 小姐也越来越不满。

她向上司报告，也只得到"工作就是这样啦"的回复，无法获得上司的正面处理。在这过程中，她因为流程的处理与 G 前辈屡次发生摩擦，关系变得很差。

加上 G 前辈又是公司某位董事的儿子，常常得到特殊待遇，这一点也让 F 小姐的不满加剧。

F 小姐在职场上渐渐被孤立。虽然一方面被 G 前辈欺负，但另一方面她开始思索："明明我才是对的，为什么都没有人站在我这边？"

或许是她将这样的正义感强加于别人身上，和同事之间的关系也变得很差。

类似的情形，在政治和社会活动中也很常见。因为深信自己的想法是对的而采取行动，对不了解自己想法的人便加以轻视、攻击。

我们必须了解，**在本节一开始提到的"这点公德心都没有"的标准，是因人而异的。**

翻开词典去查正义感，会得到"痛恨不正当的事，尊敬正义的心"的解释。当然，痛恨不正当的事并没有错。但是，如果不只是针对不正当的事，连对"身边那些不支持自己的正义的人"也产生强烈的怨恨，那么关系当然会变差。

回到 F 小姐的故事，幸运的是最后 G 前辈升了职，F 小姐的人际关系没有再继续恶化，但她倔强的个性依然没变。当我劝她"这世上什么人都有"时，她也是臭着一张脸。看来，如何发挥自己的优点将是她今后的课题。

要点 别让自己的正义感变成"对他人的仇恨"。

练习 15 "微笑" 带来愉快的心情

情绪，由身体而生的 "詹姆斯—兰格理论"

即使觉得 "今天谁都不想见"，但不得不工作，这便是成为大人痛苦的地方。

如果有个 "切换情绪的开关"，该有多轻松。因此，我开始思考人类是否有这个开关。

究竟人类的喜怒哀乐到底是从哪里来的呢？现代研究认为是 "脑"，但在脑科学尚未发达的过去，"身体" 和 "心" 都被人们当作切换情绪的开关。

有个从现代人观点来看十分新鲜的想法，**那便是人类的情绪不是来自脑（中枢），而是来自身体（末梢），即所谓的 "詹姆斯—兰格理论"**，在日本也称为 "末梢起源说"。因为哭所以伤心，因为打人所以生气，因为发抖所以害怕。

换句话说，不是因为伤心所以哭，不是因为生气而打人。这是 19—20 世纪初的心理学家威廉·詹姆士与卡尔·兰格提倡的学说。如果这个说法是正确的，那么切换情绪的开关便是做与愤怒、伤心和后悔相反的事——"做出开心的表情""笑"。

但是，真的遇到挫折和失败的时候，强迫自己在镜子前笑就能切换情绪了吗？很多人会感到有点可疑是吧？在脑科学进步的现代社会，"詹姆斯—兰格理论"被批判为没有根据。

试着强迫自己笑

但是，我们也不能完全否定这个理论。事实上，真的有一种假设认为，人类生气时脸部肌肉的动作会回馈给大脑的下丘脑和大脑边缘系统，产生"愤怒"的情绪。这叫作"脸部回馈假设"。

以结论而言，**想摆脱愤怒和悲伤等负面情绪时，强迫自己笑，可能比什么都不做更好**。若将脸部回馈假设倒过来看，笑的时候，脸部肌肉会动。这些肌肉的动作传到大脑后，也许会产生积极、正面的心情。

因此，"在镜子前露出笑容"这个行动，便是切换情绪的开关。即便没有镜子也没关系，就悄悄地笑一下吧。

法国哲学家亨利·伯格森有部名为《笑》的著作，在书中他留下了这样一句话："人类并非因可笑而笑，是因为笑才可笑。"

⊂ **要点** 越是难过，越是要让自己露出笑容。

练习 16　疲于人际关系时，来趟 "一人" 小旅行

暂时改变环境最好

要斩断职场上剪不断理还乱的人际关系，换工作或转岗是最好的办法。但是，实际上要辞职或转岗并不容易。而且，环境的变化有时候反而会造成压力。

旅行能够暂时改变所处的环境，是个很棒的方法。**暂时改变环境，得到的积极作用更是超乎预期**。光是看见新的风景，便能给大脑带来刺激，走在阳光下，能抚平抑郁和不安的血清素等脑神经传导物质的作用也会加强。

既然我已经建议患者这样做，自己当然也会根据休假和身体状况积极安排旅行。虽然平时工作很累，同时还要安排旅行计划有点麻烦，但考虑到旅行对心理的效果，就会觉得"还是去吧"。

如果喜欢与朋友结伴同行，不妨主动提出你的旅行计划。若疲于经营人际关系，想自己安静一下，建议来一场一人之旅。虽然很少这么做，但偶尔我也会自己去兜风，去看看山、看看海，看看陌生的城市，给自己充个电。如果有烦恼之事时，则不建议去游乐园之类挤满欢乐人群的地方。但目的地的选择还是要依个人喜好来选择。

找个理由出门

　　如果嫌旅行麻烦，看电影或听音乐会等活动也很不错。**心情沉重的时候，千万不要关在家里闷闷不乐。**重要的是找个理由走出家门。

　　与其在家吃泡面，不如多走几步路，去一家可以轻松抵达的面店，也比什么都不做强。可以的话，离家远一点的店比家旁边的更好。

　　听说最近越来越流行女生一人旅行。在"男性脑""女性脑"的章节里，我也提到过"男人该有男人的样子""女人该有女人的样子"只是世俗的看法，不必太过在意。

虽然旅行一定有结束的时候，转眼间，必须回到现实的时间就到了，但千万不要因此有"去旅行也没用""只是旅行，心情也不会变好"这样的想法。

（要点　　当人疲惫时，用旅行暂时改变环境。

练习 17　换个"说法"，思考也会不一样

要小心喜欢用被动句式的人

"都是那个店长，害我丢了打工的工作。"

"都怪我不够体贴，才会被女朋友甩了。"

所谓的"容易被情绪左右"，是人在忍受怒气时将一切都朝负面想的思考习惯。而思考的习惯，也会表现在日常用语中。

经常说"我被 ×× 了"或"都是因为○○，结果就 ×× 了"的人，正是最容易被情绪影响、无法放下的类型。因为自己想主动做些事的心情，都比不上他人带来的影响。

想要不被情绪左右，便要重视"自我效能"，这一点在第一章已经讨论过。自我效能，便是指在遇到问题时，相信自己能够切实执行，以及一切都会好转的自信。

而毁掉这种自我效能的，便是"被 ×× 了""都是因为 ××"这样的话。这些话意味着错的不是自己，与自己无关，直接表明自己是被他人或事物牵连才会出现现在这样的情况。

换成主动句式

的确，有时候会有怎么看都是他人的错，偶尔也会有自己实在无能为力的状况。但是，一再重复这样的说法，会使自我效能越来越差，渐渐变成只会被人影响、随波逐流的人。

但是，想要提高自我效能，最简单的方法其实就是把被动的句式改成主动句式：

"我 ×× 了。"

例如第一个例子：

"我辞掉打工的工作了。"

尝试换个说法，就算解释起来有点牵强，也没关系。因为有时候变动一下时间点，真的是自己主动提出离职。

此外，"被 ××"的说法，在沟通上是很吃亏的。因为

"都是对方""自己无能为力"这些将责任转嫁给他人的说法，很可能会给别人带去负面印象。就算自己并没有这种想法，其结果也是一样。

尽可能养成自己"做了什么"的思考习惯。被动的思考，会让自己越来越没有分量。

要点 把被动的句式"被××""都是因为××"改成"我××了"。

练习 18　别把不幸"推给"过去

为何无法放下对父母的不满

　　"我会有这种个性，都是我爸妈的缘故。"

　　"要是我能进好一点的学校，应该会找到更好的工作。"

　　"结婚，就是我人生失败的开始。"

　　人类在痛苦的时候，都会想要找个理由来解释"为什么我会如此痛苦？"而最容易想到的，便是过去已经发生的事。其中，怪罪于父母的例子非常多。

　　只要追溯过去，我们自然就会想到小时候。对孩子而言，父母的影响力是绝对的，不只是教育方式，连父母亲随口说的一句话，在我们长大成人后也会深深地留在我们的大脑中。

即便是对于自己的学历和婚姻，也会埋怨：

"要是爸妈以前再多逼我一下……"

"要不是爸妈一直挑剔我的婚事……"

诸如此类，想要埋怨父母的事要多少有多少。这也证明了父母对孩子的人生具有足够的影响力，这种影响力不仅大，而且持久。

只是像这样记恨的时候，便代表我们心存"依赖"，认为"父母为孩子（我）做这些都是理所当然的"。**也许无论我们活到几岁，都放不下对父母的负面情绪。**

若是曾受过虐待或被无视，就必须考虑是否有"依恋障碍"这种心理疾病。不过一般而言，对父母不满的程度大多不会达到"生病"的程度。

童年时代的不满会不断产生愤怒

一般的父母可能会有过度干涉，强迫孩子接受自己想法的时候。相反，也有人不太理会孩子。无论如何，**当我们对童年记忆产生反应或不断产生新的愤怒，对精神方面**

或亲子关系都不是好事。若心里真有不满，应该趁双方都心平气和时交流，至少心情会比较轻松。

话虽如此，亲子之间也会有当面难以启齿的话。在精神科里，常常有由医师安排家人见面并主持面谈，共同寻找今后方向的诊疗方式。因为只是向患者提出一句"回家和家人谈过再来"，双方实在很难做到。因此才会由主治医师主导，安排时间地点，让患者和家人对话。

由第三方安排固然好，但也不一定完全方便，建议可以用电子邮件或写信的方式来沟通。不必太刻意，文章太长会显得严肃，不妨表达一下对对方的关心或是不好意思说出口的话。

向手足表达对爸妈的情绪，就共享问题的观点来看也很有效。既使有再好的朋友，也很难向其开口抱怨父母给自己带来的烦恼，所以不妨趁着和兄弟姐妹见面时，宣泄一下对父母的不满。

最好的领悟就是"父母也是人，要求父母完美是不可能的""他们总会比自己早走一步"。等到自己为人父母后，一定会明白的。但是，俗话说"子欲养而亲不待"。**如果心**

里仍有纠葛，还是趁有机会沟通的时候及时提出，以免来

日抱着遗憾而后悔。

要点　　了解父母并非完人，有不满就说出来吧！

练习 19　承认自己其实"放不下"

为生气而自责的 H 小姐

我所指导的实习医师 H 小姐，是位成绩优秀且认真的女性，学生时代也是剑道社团的风云人物。对工作十分热心，以至于在治疗患者的过程中常常会过度投入，这是她的优点，也是她的缺点。

H 小姐有着不太容易受挫的个性，但是某天却以一脸愧疚的忧愁样来找我商量。看起来似乎是她和她负责的 17 岁厌食症（神经性厌食症）患者合不来。

我与她共同负责这位患者，所以深知她的难处。只是，如果我手把手地教她，她便不能有所成长。某种程度上，让学生自己思考，放手让他们去做，只在关键时给予指导，帮助他们成长，这是医学教育的精髓，当然也很难拿捏。

H 小姐面对这位就像小妹妹的女孩，热心地解释饮食和营养的重要性。但是，对于厌食症的患者而言，想要从正面说服，有时候反而会让患者更抗拒。

"医生根本不了解我的心情。"这类充满攻击性的拒绝是家常便饭。

其实，这种程度的不满和愤怒，H小姐都能够承受。只是那时候，大概是因为患者不断抱怨让她情绪低落，所以她也对患者大声吼了几句。于是，她无法原谅发了脾气的自己，情绪低落。

任何人都有沮丧的时候

我也曾有过类似的经验。比起治疗顺利受到患者感谢，这类不愿想起的记忆，真的是深刻得多。

我记得，我对显然放不下的H小姐这样说："那样的态度作为一个医生而言并不妥当，是应该改正。只不过，医生也是人，要百分之百控制住情绪并不容易。"

"我也有同样的经验，现在还有点放不下，回想起来就难过。"我以前辈的身份把自己的经验告诉她。

虽然不敢保证，但我想她在知道原来前辈也会"被患者影响而无法放下"之后，对她的人格塑造多少会有些帮助。她在结束精神科实习时告诉我，她"体验了课本和论文中学不到的事"。

无论是谁，都会有"被情绪影响"的时候。这样一想，承认自己其实"被情绪影响了""无法放下"，从长远的角度来看，是有助于成长的。

要点　承认自己也容易被情绪影响。

第五章

不过度"被情绪左右"的练习

练习20 给压力一个"期限"

压力的"期限"

"不容易被情绪左右"的人有个不让压力累积的秘诀，那就是他们懂得给压力设定"期限"。

在工作上，大家常说设定截止日期等期限很重要。如果没有规定哪个时间节点前必须完成，做事就会拖拖拉拉，永远无法完成，也难以保证工作质量。

而我个人认为，**在压力管理上的"期限"也很重要。**

如果知道造成压力的原因有个期限，比如"忍受这种痛苦的时期只有这一年"，就能够忍耐下去。因此，不只是食物需要保质期，我们也来给压力定个"期限"吧。

到海外单身赴任

在汽车公司上班的50多岁的I先生，奉命调往中国的工厂。在海外发展业务，就公司而言是理所当然的发展趋势，但 I 先生表示他万万没想到被外派的会是自己。

由于女儿的教育问题，他将家人留在日本，自己一人前往中国。虽然早从同事口中知道会很辛苦，但学生时代曾经当背包客到国外四处旅游的 I 先生当初确实认为"自己应该可以适应"。

然而，实际到了当地，事情却不像年轻时的旅游那样顺利。从水电使用等基本生活开始，就问题不断。半夜马桶塞住的时候，I 先生真是欲哭无泪。工作方面也是，他和当地员工对工作的价值观及文化都有很大的差异。

知道期限就能撑下去

过去，下了班小酌一番就着枕即眠的 I 先生开始失眠。早上虽然睁开眼醒了，却越来越不想离开床铺。海外和日本不同，没有能够让他散心的地方，于是在休息日他从中午就开始喝酒。后来，他发展为常常迟到、请假。

在担心他的同事、偶尔打国际电话给他的家人的催促下，I 先生请了假回到日本。I 先生形同中途受挫，表面上虽然不愿承认自己不适应，但能够回家让他感到不可言喻的安心。回到日本，I先生的状况就复原了。他说了许多海外生活的辛苦体验，其中也说了这样的话：

"如果有个期限，比如一年什么的，也许就能撑下来，可是公司却说'要是顺利的话，你就暂时待在那里'。"

现今的精神医学将I先生的情况诊断为"适应性障碍"。一个人遭遇明显压力，因而造成情绪不稳定的状态，一旦压力消失，便会立刻复原。

压力的无期徒刑

说起来不是很好听，但I先生的状态其实就是"压力的无期徒刑"。

好好服刑也许有刑满释放的一天，但问题是不知道会到何年何月，或许一辈子都等不到那一天，看不到未来的日子真的是会令人感到不安。

一年也好，两年也好，若有个明确的期限，I先生就能忍耐了吧。但是，这世上其实很多事情没有明确的时间节点。在很多公司，年度结束时的人事调动也经常是在最后一刻才决定的。

若遇到期限不明确的状况，可以自己设定期限，比如：

"再努力一年吧！"

"再过半年还是不行，就放弃吧！"

然后在这段时间内竭尽所能地付出努力，一定会有所成长。

要点　感到压力的话，就设定一个期限吧。

练习 21 "想象"走出情伤的自己

走出情伤需要"时间"

关于走出情伤的方法，已经有数不清的书籍和网络文章可以参考。若从男女处理压力的方式来看，男性应该是寻求独处，而女性寻求他人的陪伴和倾听。基本上，照这个方针走应该是不会错的。

无论是独处还是要找人倾听，都需要一定程度的"时间"，但是一定也有很多人想要"早点走出来"吧。如果想缩短从失恋中走出来的时间，有个办法，就是在想法中加入时间轴。

具体而言，**便是想象"5 年后"或"10 年后"的自己。**应该没有人会愿意，也不想自己在"5 年后""10 年后"还走不出情伤吧。

在脑海中将时间轴往未来拉，是在解决眼前的不安时经常用来修正想法的方式。如何想象"走出情伤的自己"，是缓和情伤的关键。

那么，男性和女性走出情伤所需的时间，谁比较久呢？因为在这方面并没有相关的学术研究，所以我们只能依靠市场调查。日本的一家调查公司以 546 名女性、246 名男性为对象，调查他们走出情伤的时间。

其中，男女之间的共通点是，都需要一定的时间才能走出创伤。双方中都有三成回答需要一周到一个月的时间。比较有趣的是，半年以上还"走不出来"的比例，男女几乎差不多。

但有明显差别的是"走出来的力量"，也就是失恋第二天就觉得"清爽""无事一身轻"的人的比例。有 8.8% 的女性能够一刀两断，但竟有 19.4%，也就是有将近两成的男性在失恋的第二天就已经没事了。

这个结果和最开始的预测背道而驰，不禁令人怀疑是不是刚好受访的男性都具有能够很快放下的性格。不过，也有可能他只是外表看起来潇洒，其实心中还是对已经分手的恋人恋恋不舍。

因为这类的调查有很多，所以对于这个结果，我们也不宜全盘接收，**但应该可以说"男性放不下""女性放得下"的既定观念并不正确。**

当下的处理方式

话虽如此，感情这种事是"如人饮水，冷暖自知"的。每个人或多或少都有失恋的经验，但若非当事人，难免会觉得事不关己。而且，情伤又不像家中发生不幸那么严重，常被视为年轻时青涩的回忆。也难怪很多人都会以"天涯何处无芳草""还年轻嘛"这样不痛不痒的话来安慰当事者。

极度消沉的时候，如前所述，男性以"独处"、女性以"倾听陪伴"作为当下处理方式也许是自然的反应。**但能让人走出情伤的，无疑都是"时间"和"下一个对象"。**只不过，一定有些人无法立刻接受"下一个对象"，"时间"也不会突然就过去。因此，给大家介绍了前文中提及的想象自己"5 年后""10 年后"的思考方式。

要点 想象"5 年后""10 年后"完全不受情绪影响的自己。

练习 22　失去重要之人的悲伤

男性比较不擅长处理丧亲之痛

在职场上出了差错、夫妇大吵一架，这些对当事人来说也许都是大事，但总不至于太严重。若是因此被影响了，一般也是几天后就能够彻底放下。

但是，若发生更严重的事，就另当别论了。例如，深爱的人死去时的悲伤，心理学术语称之为"丧亲反应"。

丧亲反应中会有各种情绪交杂。最初，人们会无法相信实际发生的事，整个人茫然失措。接着，也有不少人受到情绪影响，将怒气转向无法为逝者尽力的自己或医疗人员。

而丧亲反应，通常女性比男性更强烈。的确，对于丧礼的印象，大多是女性悲痛欲绝，而男性则是故作坚强。

然而，男性其实比较不擅长处理这种丧亲反应。荷兰乌特勒支大学的丹妮丝·德·瑞达教授针对男女面对压力的反应，提出男性在面对问题时倾向于以各种道理来应对，属于"问题中心的应对"，而女性则是以情绪来应对，属于"情绪中心的应对"。

在工作上，当然是以问题中心的应对策略为佳。**但是，对于丧亲反应这种无法以道理解释的状况，一般认为"情绪中心的应对"较能顺利度过。**

不要强忍悲伤，哭出来或说出来

情绪中心的应对策略听来似乎很难，但简单地说就是不要强忍难过，最好哭出来或是找人交谈。

在他人看来，可能会认为："过一阵子就好了。"

但丧亲反应是很复杂的。例如悉心照护多年的父母去世时，不少人会觉得"松了一口气"，但其中也有人会厌恶"松了一口气"的自己。

最令人担心的是，还有人会发展成抑郁症。在一开始强烈的痛苦过后，平静的悲伤便渐渐降临，郁郁寡欢，这个阶段已经开始实际感受到深爱之人已经死亡。过了一个月左右或是 49 天时，有些人会情绪低落到什么都不想做，或者每天思念逝者，活在回忆中。

最新的精神医学认为，若过了两周仍旧无法工作，便可判断为抑郁症。但是，一个人失去了最爱的人，真的能在短短两周内重新振作吗？

前面曾提到过，有些场合可以让自己"放不下""被影响"，而我认为丧亲反应正是可以"放不下"的情况。随着时间的流逝，强烈的悲伤心情缓和了，逐渐能够思考其他事物，并且向前看。

要点 不要压抑悲伤，而是要尝试哭出来，或者和他人倾诉。

练习 23　想烦恼时就"痛快"地烦恼一场

一直烦恼，大脑也会疲劳

一般认为人并不是喜欢烦恼而烦恼，但事实真的是这样吗？个性认真的人，难道不是喜欢东想西想，对种种事物都有想去分析的欲望吗？

"我想烦恼，所以烦恼。"

人就是会有这种时候。而这时候，**别叫自己不要烦恼，而是应该尽情地烦恼才好**。

从理论来看，烦恼几十个小时、几个月或许是浪费时间。也有严厉的看法认为，"再怎么烦恼，结论都一样"。

想烦恼的人其实早对这些事心知肚明。虽然心知肚明，但人类还是希望能有尽情烦恼、不被任何人打扰的时候。

人类的大脑"专注"做一件事物的机能，本来就是有限度的。没有人能够 10 个小时不间断地工作或学习。人类无法长时间持续做一件事。也就是说,"尽情烦恼"也是有限度的。

"再怎么想,大概也没有用了。"

像这样等到懒得再烦恼了,心情就会平静下来。

然后,"去吃个好吃的拉面好了"。

等到脑中出现正在烦恼的事之外的事情,烦恼就结束了。彻底烦恼到让大脑厌烦,对"不被情绪影响"而言也是必需的。

烦恼自有解答

想接受心理咨询的人当中,有些人想请心理医师帮自己目前正在烦恼的事找到解答。可是,心理咨询师并不能为咨询者的烦恼提出解答或解决方案,更不会像算命师那样给予"这样做,问题一定会解决"的指示。

倾听咨询者的话,帮助咨询者自行找出解决办法或者让咨询者自行处理,才是真正的心理咨询。只是一味地提供答案,会使咨询者无法自立,永远离不开咨询师。

"被情绪影响",说起来就是坠入海底或谷底的最深处,最后只能往上爬。

"给他一条鱼，不如教他钓鱼"，这句话意味着"给他一条鱼能吃一天，教他钓鱼，便一辈子不会被饥饿困扰"。

学习"不被情绪影响"，就像学习钓鱼。有时候，不应向外界寻求答案，而是要尝试彻底面对自己。学习如何处理压力，是能够终身受用的财富。

毕竟，我们这一生都必须要和压力相处。

◯ **要点** 学习如何面对烦恼，与压力相处。

练习 24　不被情绪影响的人擅长
"切换"情绪

即使明白"切换情绪很重要"

在两人出局满垒的绝佳机会下，一名棒球选手不幸被三振了。请想象一下他满脸失望走回休息区的模样。

"懂得切换情绪很重要。"

用不着解说员开口，选手自己也会这么想。这类自己没表现好的失败，是最容易被情绪影响的典型案例。

怎样做，才能顺利"切换情绪"？

我曾为一位高中生 J 同学做过咨询，她因为无法调整情绪而丧失自信，闭门不出。J 同学是个备受期待的排球主攻手，被学校推荐进入县内的女子排球名校。平时，她也非常刻苦练习，但到了二年级便常常不再是先发选手。因为队友中出现了身高急速增高、实力更胜一筹的劲敌。

在全国高中联赛的预赛中，终于获得出场机会的 J 同学却从赛点到决定比赛结果的攻击阶段频频出现失误。最后对方逆袭，J 同学错失了晋级的机会。

由于之前一直得不到出场的机会，J 同学就已经出现乱发脾气、狂食巧克力和零食的行为，在这场比赛后，情绪不稳定的情况更加严重。

她会莫名流泪，不想见任何人，经常会想起输掉比赛的画面，夜里难以成眠。她虽然想放弃排球，但又认为自己失去了排球就是个毫无价值的人。

朋友也劝她"散散心就会好了""转换心情很重要"。但就算她想转换情绪，却又什么都不想做。由于当时正值学校放寒假，担心她的父母便寻找排球社的老师商量。于是，老师便把 J 同学带来我这里做心理疏导。

如何接受无法改变的事实？

如果怀疑一个人有适应障碍或饮食障碍，那么专家的意见就很重要，但对于 J 同学的情况，**关键在于能否用"输"这个惨痛经验帮助自身成长，所以整体的看法更**

重要。

无论是谁，学会新东西、受到称赞、赢得比赛，都会感到很开心。更不用说持续学习、获得成长这类对人生具有重大意义的事。

接下来，我们要谈切换情绪的方法。输掉了重要的比赛，就代表对方赢了，这是无法改变的事实。换句话说，便是对方的表现杰出。

承认对方优异表现的价值，并尊重对方，这种心理练习对各年龄层的人都很有帮助。在刚失败或输掉比赛后或许很难做到这一点，但这是让我们学习切换情绪的绝佳练习。没有受挫的经验，便永远无法学会切换情绪的方法。

J同学的治疗历经 3 个月左右便结束了。在第一次的诊疗中，她将当下的情绪发泄了出来。我并没有直接告诉她前面的这些话，而是设法让她自己发现。虽然情绪还没有完全稳定，但她已经能够重回校园，再度参与社团活动了。

最重要的是："获胜的队伍里，一定也有像我这样的人吧。"她说了评价对手这样的话，所以我才能彻底放心。

情绪的切换并非一蹴可就。但是，在给不同的人进行咨询后，令我深切体会到切换情绪练习的重要性。

（要点　　丧失自信时，请接受事实并将其作为成长的食粮。

练习 25 别让希望成为"人生重担"

生活中的小小希望

快被压力压得喘不过气来的时候、在逆境中痛苦挣扎的时候，大家会想做些什么事来鼓励自己攻克难关呢？

买东西排解压力、计划出国旅游等"犒赏自己"的行为，都是很好的奖励。

也有很多人会去想交往中的恋人或可爱的孩子。还有人会想着"我就是为了'他'而努力工作"，而将那个人的照片设为手机待机画面。

只要撑过现在这个痛苦的时期，就有美好的事等着我，面对每天都让我们感到疲惫的压力，就必须要有这样的"希望"。"今天想去喝一杯""晚上要好好睡上一觉"，如果要连这些日常生活中的小小希望都没有了，人类将无法前进。

希望太大会压垮自己

被医生宣告罹患癌症的患者，有近半数处于抑郁状态。癌症专科医师常会找精神科医师诉说病情，"告诉患者罹癌症之后，患者食欲变差，精神萎靡"。

我也是如此，如果将来发现自己罹患癌症的话，我也没有把握能够承受。就心理因素来看会有很多可能性，如失去了健康的自己、对死亡的恐惧等，但人生的"希望"被夺走了恐怕才是最重大的因素吧。

与亲人、朋友、同事相处的时间，也不知道还剩多少；每日三餐都食不下咽，夜晚辗转难眠……癌症患者通常摆脱不了这些痛苦。

像这样没有希望固然痛苦，但希望过大也不是一件轻松的事。**我认为希望的大小要刚好，不至于成为我们的重担才好。**

但是，事实告诉我们，即使被宣告患有癌症了，还是有很多人能够凭自己的力量振作起来。

"我要战胜癌症，重新享受人生。"

"也许不久就会发现新疗法。"

这些希望，不只是在对抗病魔时需要，在痛苦的时候也需要。但是，其中也有人因为现实过于残酷，而被自己的希望压垮。

"是我自己不好，我不够努力"，有人会像这样攻击自己，或是开始灰心丧气，"我什么希望都没了"。

有时候在别人看来明明还有很大的希望，**却因为自己太过沉重的希望而抹消了希望之光，情绪也变得不稳定**。

我提出的癌症话题虽然比较沉重，但如果遇到难过的事动不动便抱着大希望，这岂不是很累吗？人们总认为希望越大越好，但有时候反而不要想得那么严重，好比"如果情况好转，就到附近的温泉走走"，刚刚好的小希望，才会让自己轻松。

要点 希望的大小要刚刚好，不要把自己压垮。

练习 26　"回避""无视"也是重要的技巧

正面面对压力，反而会"被影响"？

2011 年东日本大地震时，电视上不断播放市镇街道被海啸吞没的影片。过了一阵子，这些震灾影片就从电视上消失了。因为有不少人在看到那样令人震惊的场面后感到身体不适。

本人并不想看，甚至还想逃避，但是踏出家门，餐厅和电器行里的电视都在不断播放这些片段。人们碰巧看到了，会觉得很不舒服。

上面是以自然灾害为例，但是看到电视内容让人联想到裁员、失恋、吵架等自身正在烦恼的状况也不少。而且看到的时候，精神方面已经受到影响。

正面面对压力不见得一定是好事。如果压力太大，反而会让人"被影响、放不下"。

有一种现象叫作"幻觉重现（flashback）"。在情境再现中，过去经历过的恐惧、痛苦会突然出现在眼前，栩栩如生。有时候是没来由地发生了，有时候是被其他事物引起的。这样的现象会出现在药物成瘾的人身上，也常见于"创伤后应激障碍（PTSD）"。

避免引发烦恼的方法

我想阅读本书的读者应该不至于发生幻觉重现。但是，应该有不少人会因为一点小事就让心里的烦恼燃烧起来。依照我的印象，最近有很多人是因为在网络上看到一些信息，从而引发了自身的烦恼。

为了"放下"，可以试着"避开""无视"会引发烦恼的事物，这是很有效的方法，也是很健全的策略。

容我再次强调，动物不会接近会吃掉自己的对象，就像斑马不会为了克服恐惧而向狮子挑战。在动物的世界，生存才是第一位的事。但人类因大脑皮质发达，反而会有"不想让人认为我胆小""我想克服恐惧"这种想法。

要是已经因为失恋而痛苦得生不如死了，就不要到情侣的约会胜地去。因金钱关系而烦恼的时候，就不看以金钱为主题的电视剧或电影。

特别要小心社交网站。和人联系的安心感固然重要，但面对庞大的信息量，难免会令人无法"避开"，接触到扰乱心神、伤害自己的信息。

比如对于脸书，目前已有各种心理研究。有些结果是正面的，认为脸书可以提高社会信赖和奉献社会的精神，但也有经常看到他人炫耀，从而觉得自己不如他人，幸福感降低的负面结果。此外，应该也有人会有不得不"点赞"的情况发生吧。

我并不是提倡大家不使用社交网站，但是，"不上网"的时间也越来越重要。例如，"工作一小时再看一下"，**设定不上网的时间，决定好每个时间段要做的事**。

要有技巧地"无视"会扰乱心神的事物或许很难，但是彻底"避开"这类事物的话，应该有办法做得到。但也不用因为逃避而自我厌恶，因为人类也是一种动物。

要点　　**应该具备回避引发烦恼的手段。**

练习 27　彻底"接受"失眠

睡不着，不必强迫自己睡

- 闭上眼就想到成堆的工作，睡不着。
- 一想到抛弃自己的恋人，睡意全无。

这世上，应该没有人不曾经历过因为想事情或烦恼而失眠吧？

睡前在床上烦恼比白天烦恼痛苦几十倍的原因有很多。但两者的共通点，便是不安的心情。

当四周都进入梦乡，在漆黑之中的孤独感让不安变本加厉。如果是在白天，可以通过看电视、上网、聊天等消除不安，但是夜里却无法这么做。

虽然不是被关在牢里禁止做什么事，但如果第二天还要上班，一般都会担心"不好好睡，明天会很难熬"吧。

在失眠的治疗中，遇到这种时候医师会建议不要硬待在床上，可以起来到客厅或其他地方，等想睡了再回床上。一直待在床上只会越来越不安，何谈睡着？大脑反而会越来越兴奋。

"今晚大概睡不着了。"

如果只是担心睡不着，起来走走这个方法或许很有效。**但如果心里像是扎了一根刺般因人际关系而痛苦的话，有人无论深夜或黎明都无法摆脱烦恼。**

失眠也是自然反应

良好的睡眠，是对抗压力的基础。长期睡眠不足，会导致身心失去活力，罹患抑郁症的风险也会提高。只是，这样的说明应该会让人想"果然还是需要七八个小时的睡眠时间""再这样下去，一定会生病"而更加不安。

有时候我也会告诉患者其他的看法。比如，我就会对有些患者这样说："失眠，就目前而言，是没办法彻底解决的事。失眠也是一种自然反应。"遇到要优先减轻他们对睡眠的坚持和不安。

失眠的痛苦也有其意义。例如遇到大地震或车祸等突然受到大惊吓的那天晚上，绝大多数的人都睡不好。失恋当晚也一样。发生震惊之事后的失眠，也许是为了保护我们的内心。

日本国立精神神经医疗研究中心的研究小组曾利用虚拟影片，播放交通事故的现场惨状进行实验。有半数的受试者在看过影片的那一晚仍可以好好入睡，另一半的人则是整夜无法入睡。

从结果得知，比起充分睡眠的人，被迫熬夜的人回想起意外场面时的恐惧感较小。原因是记忆会在睡眠中固定下来，而不睡反而让不愉快的记忆无法留下。

把短期的失眠夜当作保护自身不受压力伤害的机制，心情多少也会轻松一点吧。

要点 **了解失眠的意义。**

练习 28　寻找有相同经验的"伙伴"

有伙伴可以减轻孤独感

看到和自己因同样烦恼而痛苦的人，会觉得"原来不是只有我啊"而松一口气。这应该是因为知道有人和自己一样，孤独感就减轻了吧？

无论是身体方面的疾病还是心理方面的疾病，同一病症的患者聚在一起，或是患者的家人聚在一起，不仅能就病情交换信息，还会产生连带感，稍微减轻不安和孤独。

向朋友倾诉也是一个办法，只是不知道对方是否能认同。如果对方不曾经历过失恋，即使向他哭诉失恋，对方也许会这样随口安慰："等你遇到下一个，就会好了。"

即便是无法诉苦的对象也没关系，找个曾经和自己有相同烦恼的过来人，也是个减轻烦恼、放下情绪的好方法。想到"不是只有我"，从而能够消除孤独、孤立的感觉，也有很大的不同。

我偶尔也会在诊疗的间隙和患者分享自己的经验。不是失恋的故事，也不是公司倒闭或生大病，只是提到我也曾因为许多事而失眠，就有不少患者在听了之后表示"原来医生也有过这样的经历啊"。

只是确定"原来不是只有我"，就会减轻烦恼

知名人士宣布要对抗癌症，同为癌症患者的人们便会受到鼓舞。也有人因为东山再起的总经理分享的自身经验而重新振作吧。

只要有一个体验过同样痛苦的过来人，便会让我们产生勇气："痛苦的，不是只有我一个。"

冷静想想，人际关系和失恋是每个人都会有的烦恼。但是，人们却很喜欢在烦恼时一厢情愿地认定"只有我这么痛苦"，导致身心变得更加孤独，无法凭借自己的力量调整。

试着寻找曾与自己同样烦恼的过来人吧。

很多艺人、明星都会公开自己的故事，但可以的话，

与其找电视上的人，不如找找存在你身边的、实际认识的人更好。

这类深入的话题，也许白天工作中不方便谈，晚上小酌时比较好聊起。

我个人的经验也是一样。我曾在夜晚聚餐时，听到上司或前辈不经意吐露的经验之谈或丧气话，心想："啊，原来他也会有这种烦恼啊"，大概不安因此一扫而空吧，在将近 20 年后的今天，我依然对这件事印象深刻。

要凭自己一个人的力量放下烦恼、不被情绪左右，实在很难，而别人也不一定能够帮忙。但是，只要确定"不是只有我"，烦恼的程度就会不一样了。

要点　寻找身边和你经历过相同烦恼的人。

出版后记

愤怒、焦虑、恐惧、不安……现代人的生活和工作中有太多的情绪，包括自己的情绪、周围人的情绪、社会的情绪。当我们无法排除和整理情绪时，最终的结果就是让自己"混乱不堪""焦躁不已"。

本书作者西多昌规是日本知名的精神科医师。他不仅在大学医院出诊，同时也是投身医学研究的医学博士。他在多年临床工作中发现，情绪问题对现代人的生活已经产生了严重的影响。感情受挫、工作失败、身患重病、家庭破碎、失去亲人等，这些事不是单靠时间就能修复的。即使是他自己，也经常因为被病患投诉、论文被毙，与领导、同事、学生间的人际关系紧张而感到苦恼。

在本书中，他针对"如何不被情绪影响""正确处理负面情绪"这些事项，提出了28个一定能够做到的日常练习。比如，给压力定下一个期限，尽最大的努力，做不到就彻底放弃；让情绪达到临界值的自己"暂停一下"，暂时放下不愉快的心情，只专注眼前的工作；想烦恼时，就尽情地烦恼，等到大脑里出现其他事情时，就代表烦恼结束了；等等。这些练习虽然看似很简单，却有心理学上的依据，能够切实且快速地帮助人们调整情绪，放下负面情绪。

与其一直被情绪左右，不如学会如何掌控自己的情绪。

服务热线：133-6631-2326　188-1142-1266

服务信箱：reader@hinabook.com

2021 年 2 月

图书在版编目（ＣＩＰ）数据

好心情练习手册 /(日) 西多昌规著；刘姿君译
. -- 北京：中国友谊出版公司, 2021.6（2023.12重印）
ISBN 978-7-5057-5215-3

Ⅰ. ①好… Ⅱ. ①西… ②刘… Ⅲ. ①情绪—心理学
—通俗读物 Ⅳ. ①B842.6-49

中国版本图书馆CIP数据核字(2021)第090576号

著作权合同登记号　图字：01-2020-3273

"HIKIZURANAI"HITO NO SHUKAN
Copyright©2016 by Masaki NISHIDA
All rights reserved.
Cover Illustration by Noritake
First original Japanese edition published by PHP Institute,Inc.,Japan.
Simplifed Chinese translation rights arranged with PHP Institute,Inc.
through Bardon-Chinese Media Agency

本书中文简体版版权归属于银杏树下（北京）图书有限责任公司。

书名	好心情练习手册
作者	［日］西多昌规
译者	刘姿君
出版	中国友谊出版公司
发行	中国友谊出版公司
经销	新华书店
印刷	北京天宇万达印刷有限公司
规格	889毫米×1194毫米　32开
	5.25印张　71千字
版次	2021年9月第1版
印次	2023年12月第8次印刷
书号	ISBN　978-7-5057-5215-3
定价	42.00元
地址	北京市朝阳区西坝河南里17号楼
邮编	100028
电话	（010）64678009